JN106730

# 和魂洋才から SDGsへ

## 渋沢栄一の田園都市と
## 平松守彦の一村一品運動を事例に

西嶋啓一郎 著

セルバ出版

# 巻頭言

古代ギリシャの哲学者プラトンは、都市を築くことは、人間の行う仕事の中でも、最も崇高な業の１つであり、それ故に、それを行う建築家には、人間に関する万事を洞察する広い能力が必要だ、と述べている。

確かに、建築という芸術・技術が、人間社会の総体と関わり、日常生活の内に生きる業であることを考えてみれば、プラトンの言は至極当然と納得できる。そして、さらにそうであるならば、人間の諸々の行為について、建築する業の内から、多様な考察が生まれてきて不思議はない。いや、むしろ、そうでなければならない。

西嶋啓一郎氏は、大学で美術・建築を学び、建築家として出発した。しかし氏生来の能力と広い関心は、建築設計に携わる内に、自ら、人間と社会全体に向って広がっていった。

私が、氏と出会ったのは、放送大学の大学院においてであるが、それはまさに氏の研究課題が、イギリス19世紀の大思想家、ジョン・ラスキン――建築家であり、画家であり、又社会改良運動家でもあった――に向かっているときであった。

このときを１つの契機として、ジョン・ラスキンの思想についての私の関心は益々深まり今日に至っている。ラスキンが克服せんとした社会と人間の断片化が、益々進行している以上、その思想の意味は、今日、益々大きくなっているからだ。

西嶋氏の考察の対象はその後更に日本の近・現代に向かい、そして渋沢栄一の田園都市、そして平松守彦の一村一品の思想に到達するに至った。日本において、いや、世界全体においても、近年の浅薄な「グローバリズム」を踏みこえて、再び、健全な社会を構築するためには、今こそ、改めて、地域を把えなおす思想と手法が見出されねばならない。それに向かって、西嶋氏のこの研究は、重要な手がかりを与えるものと私は思う。

そして、さらにそのことに加えて、これを新たな刺激として、建築の設計者・研究者の中から、広い多様な研究が今後益々盛んに興ることを期待するものである。

2021年7月31日

建築家・東京大学名誉教授
香山　壽夫

# 発刊にあたって

日々の私たちの生活、さらにその基盤である私たちの社会や経済のシステムが環境の基盤に与えている影響の積み重ねは、激甚な気候変動・資源の枯渇・生物多様性の喪失といった深刻な地球環境への危機をもたらしている。そしてこれらの危機を乗り越えて社会を持続可能なものにしていくためには、様々な課題を統合的に把握・理解し、取り組みの総合化を図ることが不可欠である。

国際連合の総会が2015年に採択した「持続可能な開発のための2030アジェンダ」は、持続可能な社会を実現するための17の持続可能な開発目標(SDGs)を掲げ、169のターゲット、230の指標を定めて、各国政府のみならず地方政府（都道府県市町村)、企業や民間団体さらには広く国民に、課題への統合的な取り組みを呼びかけている。

日本でも政府は実施指針を定めてSDG sへの取り組みを決定し、2018年の第五次環境基本計画はSDG sの考え方を全面的に取り入れたものとなった。そして、このSDG sへの取り組みの姿勢を示すことは、今や企業人の間でも一種の流行ともいえる状況になっている。しかし、足元をしっかり見つめつつ、わがこととして課題への取り組みを展開しその内実を創っていくことは、けっして容易なことではないとも思われる。

西嶋啓一郎教授が執筆された本書は、東京での田園都市づくりへの渋沢栄一とこれを引き継ぐ東急の取り組みと大分県での一村一品運動への平松守彦らの取り組みを素材にしながら、今につながる先人の地域づくりへの努力をたどり、その意義が今のSDG sへの取り組みにもつながるものであること、さらにこれらの先人の取り組みが海外からの知恵を基礎にしつつ、これに日本の知恵を加えて展開されてきたところに意義があることを示そうとされているご労作である。

西嶋教授は、SDG sの日本での展開も、これら先人の取り組みと同様に、日本での取り組みとして和魂をこめたものとなることへの手がかりを、本書の読者に探し求めることを、願っておられるようである。本書が広く多くの読者の手元に届き読まれることを私も期待するものである。

2021 年初夏　若葉のみどりが目に鮮やかな我が家の庭を見ながら

福岡大学名誉教授・元中央環境審議会会長

浅野　直人

# 和魂洋才からSDGsへ

## 渋沢栄一の田園都市と
## 平松守彦の一村一品運動を事例に

西嶋啓一郎　著

# まえがき

2015年9月にニューヨークの国連本部で開催された「持続可能な開発サミット」において、地球規模で取り組むべき大きな持続可能な開発目標（SDGs = Sustainable Development Goals）・2030アジェンダが採択された。それに伴い企業の社会的責任（CSR = corporate social responsibility）がクローズアップされている。

これは、企業は利益を追求するだけでなく、企業の組織活動が社会へ与える影響に責任を持ち、あらゆるステークホルダー（利害関係者：消費者、投資家等、及び社会全体）からの要求に対して適切な意思決定をする責任を持つことである。すなわちCSRは、企業の経営戦略の根幹において企業の自発的活動として、企業自らの永続性を実現し、また持続可能な未来を社会とともに築いていく活動である。

SDGsが採択された背景には、われわれが向き合わなければならない様々な課題解決のための取組が掲げられている。たとえば近年の地球規模の問題として、目標13「気候変動に具体的な対策を」が掲げられている。そして地域レベルの微気候では、都市化の進展による舗装面積の増加と植生被覆面積の減少が進み、自然の水循環の喪失による雨水流出量の増大や蒸発散による冷却効果の減少（ヒートアイランド）が引き起こされている。

そして今後、人口が集中する都市部におけるヒートアイランド対策の1つとして、グリーンインフラに着目した都市整備が求められる。そのため我が国では、2016年度に閣議決定された国土形成計画、第4次社会資本整備重点計画において、「国土の適切な管理」、「安全・安心で持続可能な国土」、「人口減少・高齢化等に対応した持続可能な地域社会の形成」といった課題への対応の1つとして、グリーンインフラの取組を推進することが盛り込まれた。

国土交通省では2018年12月より「グリーンインフラ懇談会」において、社会資本整備や土地利用等に際してグリーンインフラの取組を推進する方策の検討を進めている。

ヒートアイランドが顕著化する東京圏は、世界最大級の人口規模と密度を持ち、多くの人が通勤通学に電車を利用するために民間企業が鉄道を運営できるという稀有な特徴がある。世界の乗降客数ランキングを例にすると、上位はほとんどが日本の駅で、新宿が 1 位、渋谷が 2 位であり、東急電鉄の起点となる渋谷は、鉄道 4 社 9 路線で 1 日 300 万人超が利用している。

渋沢栄一が設立した田園都市株式会社を起源とする東急グループは、創業以来、公共交通整備と住宅地開発を両輪として、公共性と事業性を両立させながら、他社に先駆けて新しい生活価値を提案し、持続的なまちづくりを行ってきた。東急のまちづくりの理念には、渋沢が取り入れたイギリスのエベネザー・ハワードによる「田園都市論」を範とした、都市アクセスの利便性と郊外の生活環境の両立の承継が示されている。本書では、東急が進めた日本型田園都市につて、東急の歴史をたどることで、東急のグリーンインフラに着目した経営戦略の特徴を考察した。

東急株式会社の歴史は、渋沢栄一が設立した田園都市株式会社から始まる。1918 年、理想的な住宅地の開発を目指して、東急株式会社の祖、田園都市株式会社が設立された。設立者の渋沢栄一 が想い描いたのは、日本らしい田園都市であった。当時は、東京市が拡がりを加速させた時代であった。

田園都市株式会社が発足した当時、大半の人々は農業や町工場、個人商店で生計を立てていた。家業を継ぐことが優先され、そのために郊外に家を購入するという概念は薄かった。会社勤めのサラリーマンは 1900 年代（大正期）から増えていたものの、絶対数は少なかった。そして、まだ鉄道をはじめとする公共交通機関は整備されていなかった。もちろん、自家用車を所有しているサラリーマンもいない。そうなると、サラリーマンは必然的に会社の近くに居住する他はなかったのである。

渋沢が思い描いていた庶民が家を構えるというライフスタイルは、そうした事情から郊外では成り立たないものであった。ここに渋沢が目指した緑豊かな住宅都市としての日本型田園都市との間に大きな矛盾があったのである。だからといって、都心部はすでに多くの家屋が密集しており、新たな家屋を建てる敷地的な余裕はない。

日本型田園都市の実現の矛盾に悩む渋沢を、再び田園都市建設へと突き動かしたのは、東京市都心部において木造家屋の密集地を一挙に壊滅させた災害であった。1923年に発生した関東大震災による首都壊滅により、都市の防災面からも郊外への住宅の展開は喫緊の課題になったことが考えられる。渋沢が行き詰った末に出てきたのが、郊外住宅地に鉄道を敷設し、鉄道で会社まで通勤するというアイデアだった。こうして、田園都市株式会社は鉄道部門を設立した。この鉄道部門が東急の源流となるのである。

レッチワースは、ハワードの構想を実現した「田園都市」のモデルの参考になるものである。しかし、その理念のすべてを日本の既存の都市において、レッチワースのような基本理念が当てはまるかは難しいと考えられる。たとえば、気候条件、農園の規模、農産物市場の違い等を考えると、イギリスと異なる農村観を持つ日本においては、その適用性には限界があると思われる。

実際、日本型田園都市として開発された東京田園調布のモデルはレッチワースではなく、ハワードとは関係のないサンフランシスコの高級住宅地セント・フランシス・ウッドである。このような状況になった背景には東京の急速な人口増大に対して、郊外に良好な住宅地をつくることは理解できても、職場を分散させ、自立的な都市郡を形成する必要性は、当時の日本人には認識されなかったことがあげられる。

また、急速な近代化を目指していた日本人にとって、すでに社会は成熟期を迎え、生産から生活へ人々の価値観の転機から現れてきたイギリスの近代都市計画の理念は、理解の範囲を超えていたと考えられる。そのため、ハワードが唱えた田園都市のコンセプトは、海外では否曲され伝わり、田園都市というより住宅地だけを都市郊外に切り離し、働く場所としての大都市と鉄道で連結したもの、つまり田園郊外と呼ぶべきものになったのである。

東急グループの持続可能なまちづくりは、この過去の誤解を踏まえた上で、日本の土地制度、風土、文化、技術などの点を考慮し、都市と郊外の一体的整備、運営がなされるような日本型田園都市形成を進めたところにオリジナリティがある。そのためキーワードになるのがグリーンインフラである。

グリーンインフラとは、自然が有する多様な機能や仕組みを活用したインフラストラクチャーや土地利用計画を指し、日本における国内問題が抱える社会的課題を解決し、持続的な地域を創出する取組みとして期待されている。

東急による沿線のまちづくりは、その発生はハワードの田園都市に理念を求めることができるが、実施された事例はまさに、東京城西エリアの現状、土地制度、風土、文化、技術など様々な点を考慮し、都市と郊外の一体的整備、運営がなされた日本型田園都市形成と考えられる。

たとえば、東急グループの田園都市建設の代表例は、田園都市線に沿って都心から 15 ～ 30㎞離れた２都県４市にまたがる多摩田園都市である。まちづくりの出発点は五島慶太の「城西南地区開発趣意書」である。五島は、第二次世界大戦後の東京都心における過度の人口集中と生活環境の悪化、水や食料・エネルギーなどの供給不足、交通インフラの不足といった社会問題に対し、人々の健康な暮らしのために第二の東京の開発を目指した。五島がこの趣意書を発表した当時は、地球温暖化もヒートアイランドという問題はなく、グリーンインフラという概念もなかった。しかし、田園都市というハワードから受け継いだ理念は開発の中に込められていたと考えられる。

グリーンインフラの構成要素は、森林をはじめ、河川や農地、緑地、海岸など幅広く、それらの多面的な機能を上手く活用する取組みが進められるものである。たとえば、森林の多面的な機能発揮では、資源としての間伐による木質バイオマス、防災効果を得るための森林保全には、森林ゾーニングなどがある。河川の多面的な機能発揮では、近自然河川工法による自然再生事業や生態系ネットワーク、ミズベリングプロジェクト、河川ストックを活用した地域振興、河川景観整備などがある。都市緑地の多面的な機能発揮では、レクリエーション機能、都市熱環境の改善、火災延焼防止機能、都市の生物多様性の保全、景観形成などがある。

田園都市線の二子玉川駅の二子玉川東地区で 1982 年「再開発を考える会」が発足した。事業全体の開発コンセプトは「都市から自然へ」を掲げた。そして、住宅・商業施設・業務施設からなる複合施設の「二子玉川ライズ」が 2007 年に着工され 2015 年に開業した。二子玉川ライズは 2015 年に LEED ND（まちづくり部門）でゴールド認証評価受けた。評価理由は、「歩行者ネットワークを中心としたまちの構造デザイン」と、「エリア全体に配した雨水灌水のためのグリーンインフラの取り組み」であった。

二子玉川ライズのグリーンインフラは、エリア全体に浸透性舗装を採用し、雨水調整池と併せて、気候変動による都市型豪雨災害への適応策となっている。田園都市線沿線でのLEED ND（まちづくり部門）の認証は、二子玉川ライズの他、南町田駅周辺の、鶴間公園・鶴間第二スポーツ広場、グランベリーモールを中心とした地区における「南町田グランベリーパーク」も、2019年に評価を受けている。

また、二子玉川ライズの開発は、1980年代初頭から、地域住民と協働で行われてきたことが特徴といえる。この地域との調和を目指した開発経緯は2014年にJHEP（Japan Habitat Evaluation and Certification Program）認証の最高評価（AAA）を取得した。地域の生命を繋ぎ、自然環境の創出を目指す「エコミュージアム」の考え方を基盤とした地域の魅力づくりが評価されたものである。地域に根付いた空間づくりの具体的例としては、武蔵野台地、国分寺崖線、等々力渓谷で見られる野草や樹木を取り入れた、多摩川流域の地域性種苗による植栽計画行が行われ、対象地域に隣接する多摩川の生態系を保全する空間づくりが行われた。

東急グループのグリーンインフラに着目した経営戦略は、渋沢栄一が設立した田園都市株式会社に始まる。そして、渋沢が一時は挫折しかけた田園都市構想は、関東大震災からの都市復興という使命に支えられた鉄道事業により確立されたといえる。郊外の住宅から電車で通勤するという会社勤めのライフスタイルは、今では当たり前になったが、それは鉄道が生み出したライフスタイルと言える。そして東急の沿線のグリーンインフラによるまちづくりは、渋沢がハワードの田園都市理論という「洋才」を、志・使命感、忍耐強さと寛大さという「和魂」で成し遂げたイノベーションを承継している。

続いてSDGsには、目標3「すべての人に健康と福祉を」、目標4「質の高い教育をみんなに」、目標5「ジェンダー平等を実現しよう」、目標8「働きがいも経済成長も」、目標9「産業と技術革新の基盤をつくろう」、目標11「住み続けられるまちづくりを」目標17「パートナーシップで目標を達成しよう」などがある。第二次大戦後のGHQの指導の農村の民主化政策に基づいた農村女性の地位向上を目標とした生活改善運動は、これらのSDGsの目標がすべて当てはまるものである。

生活改善運動は、2000年を前後して開発途上国の貧困対策を議論する開発学の分野において、参加型開発が議論される過程で再評価された。それまで開発論は、その潮流に開発する側と開発をされる側という二項対立の図式で議論が交わされてきた。

しかし1人ひとりの個性が強く表出し多様性に富む村落レベルの現場では、従来の理論的枠組みを当てはめて活動を展開しても対応できないない現実が起きていた。これを越える枠組は、現場にいる地位、役割の異なる全ての人びと（ここではこれまで開発する側の人間もその一員として位置づける）の相互関係をとおして展開される共同行為の中から生まれたもの、あるいはその過程から醸造される世界観の変容を重視するという考え方であった。

この考えにおいて農村現場で開発を提供する側の者は、ファシリテーターとして黒子的な存在として振舞うことが求められるという姿勢である。ファシリテーターを農村生活改善運動の改良普及員に置き換えると、生活改善運動の展開に類似することがあるということから、生活改善運動で蓄積されてきた問題の気づき、組織運営、活動手法、まとめの手法などの経験知は、途上国の開発に寄与する可能性があるとされた。

また、1979年に大分県知事に就任した平松守彦は、この生活改善運動を大分県独自の農村の活性化に結び付ける政策として「一村一品運動」を展開した。平松はこの政策において特に力を入れたことが「人づくり」である。県では地域リーダーを育成する「豊の国づくり塾」を1983年に設立し、平松自ら塾長を務めた。この人材育成策は、女性の起業にも影響を与え、若手母子家庭の就業を応援する「豊の国しらゆり塾」や一村一品運動に取り組む女性起業家のための「大分県一村一品女にまかせろ100人会」などが立ち上がった。一村一品運動への取り組むにおいて、女性の起業や地域創成に果たす役割が大きく影響したのである。

1990年代、農村の開発活動の現場では、これまで開発の枠組みの外側に置かれていた女性や社会的弱者を取り込み住民とともに持続可能な開発を展開しようとする参加型開発とその手法の確立を模索していた。そのため、各地の生活改善運動の経験知を開発にどのように活用するかは、国際協力事業団（JICA = Japan International Cooperation Agency）が1990年の初頭にこの問題に取り組んでいる。

本書では、第1編で渋沢が設立した田園都市株式会社の理念を承継した東急グループによるグリーンインフラに着目した経営戦略を考察する。渋沢から経営を引き継いだ五島慶太、昇の親子は、渋沢が着想の原点としたハワードの田園都市理論を日本独自の田園都市として実現することになる。それは21世紀になって新しいまちづくりの評価基準となるグリーンインフラを先取りしていたものであった。

東急が進めるグリーンインフラを基盤としたまちづくりは、SDGsにも呼応するものである。その中で特に、目標6「すべての人々の水と衛生の利用可能性と持続可能な管理を確保する」、目標7「すべての人々の、安価かつ信頼できる持続可能な近代的エネルギーへのアクセスを確保する」、目標9「強靭（レジリエント）なインフラ構築、包摂的かつ持続可能な産業化の促進及びイノベーションの推進を図る」、目標11「包摂的で安全かつ強靭（レジリエント）で持続可能な都市及び人間居住を実現する」、目標12「持続可能な生産消費形態を確保する」、目標13「気候変動及びその影響を軽減するための緊急対策を講じる」、目標15「陸域生態系の保護、回復、持続可能な利用の推進、持続可能な森林の経営、砂漠化への対処、ならびに土地の劣化の阻止・回復及び生物多様性の損失を阻止する」に適用している。

次に第2編では、第二次大戦後の日本でGHQの指導のもとに制度化した生活改善運動と1979年から平松守彦大分県知事がはじめた一村一品運動を考察する。日本において外圧で制度化された生活改善運動による農村女性地位向上と農業生産の改善、そしてその農村女性の活躍で支えられた一村一品運動の取り組みは、SDGsの17の目標のすべてに該当するプロジェクトである。特に開発途上国における目標1「貧困をなくそう」、目標2「飢饉をゼロに」、目標3「すべての人に健康と福祉を」、目標4「質の高い教育をみんなに」、目標5「ジェンダー平等を実現しよう」、目標8「働きがいも経済成長も」、目標9「産業と技術革新の基盤をつくろう」には有用である。また、農村住民を主体としたボトムアップ方式の取り組みの考え方は、目標17「パートナーシップで目標を達成しよう」の実践的な事例を提供するものである。

2022年3月

西嶋啓一郎

## 和魂洋才からSDGsへ
## ――渋沢栄一の田園都市と平松守彦の一村一品運動を事例に　目次

## 第２章　東急株式会社の歴史



## 第３章　東急のグリーンインフラによるまちづくり

## 第 2 編　平松守彦の一村一品運動

### 第 1 章　第二次世界大戦後の日本における生活改善運動

序章

# 和魂漢才から和魂洋才へ、そしてSDG s へ

**【概要】**

和魂漢才は平安中期に生まれた思想である。中国渡来の知識（漢才）は大切だが、日本社会の常識に通じ臨機の処置をとれる人柄（和魂）も重要であるという、専門と教養との兼有を説くものである。明治期には、和洋の学芸に精通した森鴎外が、平安以来の系統を踏んで「和魂洋才」を説いた。

日本はこの「洋才」によって明治の近代化、第二次大戦後の民主化をなし遂げたのだが、実際は、この借りてきた理論で武装した制度を、現場の実践から学ぶ知恵を尊ぶ「和魂」の考え方で、イノベーションを興したのである。そして、技術革新で経済成長と環境保護を実現した日本では、SDGs先進国として国際社会への寄与が求められる。2019年には「SDGs日本モデル」が宣言された。

和魂洋才から和魂和才であるSDGs日本モデルによって、開発途上国への「パートナーシップで目標を達成する」ことが期待される。

## 1　はじめに

日本は、現在の主要援助供与国の中で、唯一「開発援助を受けた歴史」、「途上国であった歴史」を持つ国である。

歴史の幅をひろげると、古代東アジアの冊封体制として3世紀に日本の耶馬台国の女王卑弥呼が「親魏倭王」の称号を得たことや、5世紀の倭の五王が朝鮮半島の高句麗・百済・新羅の三国と対抗して中国南朝の宋・斉に朝貢して官名を受けたことなどは、大陸文化を吸収して日本独自の文化を形成していった和魂漢才として、現在の日本の経済・文化の発展を考えるうえでもたいへん重要な視点である。

本書では、日本が経てきた開発経験の中でも、和魂漢才から和魂洋才へパラダイムシフトがあった明治期以降の西洋近代化と第二次大戦後のGHQの指導の民主化に着目する。もちろん、パラダイムシフトとは、この場合は断絶ではなくイノベーションを伴う承継である。

明治維新以降、日本はわずか20数年で近代化に必要なインフラを整備して産業革命を達成した。短期間にここまで発展できたのは、江戸時代までに育まれた和魂漢才の高度な技術力があったからということは疑いない。

そして和魂洋才では、明治期以降の近代では、渋沢栄一の「田園都市」づくりの事例に着目する。渋沢は、明治から大正にかけて活躍した実業家である。会社設立や運営など、その生涯に関わった企業は約500を数えると言われ、「日本資本主義の父」と評されることも多い。加えて、約600の教育・社会事業にも携わったとされる[1]。

本書では数多い渋沢の仕事の中から「田園都市株式会社」の設立から今日の東急株式会社の経営戦略について事例研究を行った。田園都市株式会社は近代都市計画の祖とよばれる19世紀のイギリスの実業家エベネザー・ハワードの田園都市論を基にしたまちづくりを行うことを目的に1918年に渋沢によって設立された。

田園都市株式会社は設立後、鉄道事業を中心に沿線のまちづくりを進めた。そして「田園都市を創る」という理念は、グリーンインフラを基盤にした東急の経営戦略に引き継がれていくことになる。そしてその成果は2015年に国連で採択されたSDGsアジェンダ2030を先取りしたものであったということが本書の第一の視点である。

次に第二次大戦後の日本でGHQの指導のもとに制度化した生活改善運動と1979年から平松守彦大分県知事がはじめた一村一品運動に着目する。平松は通産省官僚を経て1975年に大分県の副知事として故郷に戻り、知事に就任するまでの4年間、県内の農村をくまなく巡り農村の発展政策を準備した。そして知事に就任すると一村一品運動を提唱して政策を実施する。

この政策を農村の現場で支えたのが農村の生活改善運動であった。そしてこの生活改善運動は、第二次大戦後のGHQの指導政策に遡ることができる。一村一品運動の理念と成果は地域活性化の手法として海外でも導入されるようになり、OVOP（One Village One Product Movement）として、大分県と海外の自治体などとの地域間交流（ローカル外交）が盛んに行われるようになった。

そして、OVOPを通じた大分県のローカル外交活動は国際協力機構（以下JICA＝Japan International Cooperation Agency）の注目することとなった。

JICAは、1998年にマラウイへの支援を目的としたOVOPワークショップを開催した。現在では、30ヵ国以上でOVOPが国家政策や援助プロジェクトとして導入されている。

日本の今日の経済成長において、第二次世界大戦の終了（1945年）に始まる約20年間の経験、飢餓・極貧状態からスタートして徐々に経済発展を加速させ、結果として多くの国民がその経済的便益を享受できるようになったことは注目に値する。

この20年間に日本はどのような経路をたどって、「貧困からの脱出」を成し遂げたのか。

戦後日本の経済・社会発展の軌跡は、その「社会開発」のあり方、それもとりわけ貧しい農村部における様々な生活改善の営みの積み重ねの上に特徴があるというのが本書のもう1つの視点である。

## 2　和魂漢才から和魂洋才へ

日本の文化史で特徴的な和魂諸才(和魂漢才・和魂洋才)は、日本人が生存にかかわる海外からの強いインパクトを受け、アイデンティティが揺らいだときに創られ、自律性の回復を目的にした言葉である。

和魂とは「大和心」のことであり、日本人が持つ、優しく和らいだ心情から生まれる、実生活上の知恵を指す。外来の学問が入ってくる以前から、日本民族が培った固有の精神「日本人の心」として存在していたということだ。

この日本人のアイデンティティが自覚されるようになるのは、平安初期に平仮名が確立してからである。当時の支配階層であった貴族層が学問の基礎を漢籍の知識すなわち「からざえ」に置いたのに対し、実生活における知識あるいは判断力・処世術の類までを含めた行動・人柄を指して「やまとだましひ」と称した。これは当時の社会において漢詩と和歌、唐絵と大和絵が併称されたのと同様の現象である。

「和魂漢才」の語の由来は、菅原道真の作といわれる『菅家遺誡』から「和魂漢才」の語を含む二か条を記したものとされているが、その真贋は不明である。「和魂漢才」は、幕末から明治にかけて流行語となり、国学者のスローガンになった。本居宣長は、和魂の真髄を「物のあはれ」として捉え、「物のあはれ」を知るとは、物にじかに触れることによって、一挙にその物の心を、外側からではなく内側からつかむこと、それこそが一切の事物の唯一の正しい認識方法だとした。

物の事にふれて心が動く、素直で純粋な感動を、学問（外来の儒教、仏教）で武装した生き方より望ましい、どちらかといえば学問的知識より実践から学んだ知恵を尊ぶ考え方である。学問的な知識を実践的な知恵に昇華するにはそれなりの時間が必要であるが、終わりのないプロセス遂行を通して、知識を咀嚼反芻し、実践改善を重ね、結果としての新たな知恵認識を獲得するという方法が和魂の本質と言える。

和魂洋才は、和魂漢才の類語として発生した言葉である。日本固有の精神を失わずに、西洋からのすぐれた学問・知識を摂取し、活用すべきであるということである。明治維新もまた儒教道徳を学んだ志士たちによって遂行された。明治になって、森鴎外などによって和魂漢才のアナロジーとして和魂洋才が提唱され、この洋才によって日本は近代化をなし遂げ、今度は日本が先進国になったのである。

したがって、和魂諸才（Japanese Spirit and Foreign Knowledge）とは、日本固有の精神を失うことなく、外来の学問を身に付けることを意味する。古くは平安時代に漢才 (Chinese Knowledge) を導入し、仮名文化や武士道精神へと昇華された。明治維新では洋才 (Western Knowledge) を導入し、日本の近代化を成し遂げたと解釈される。

しかし、本書ではこの「和魂」の意味を、物の事にふれて心が動く、素直で純粋な感動を、借りてきた理論で武装した制度より望ましい、すなわち、明治期の西洋近代思想、第二次大戦後のアメリカの民主主義という学問的知識より、現場の実践から学んだ知恵を尊ぶ考え方がイノベーションを興すという考えに立つものである。

和魂緒才の「才」は、21 世紀の日本で構築された理論、手法が世界に還元される「和魂和才」が行われることが期待される。2011 年 3 月 11 日に発生した東日本大震災からの復興、2020 年から世界を襲った COVID-19 パンデミックへの対応など、稀に見る大災害に直面したときの日本独自の取組みの検証が、いずれ「日本モデル」と呼ばれることになるだろう。

## 3　日本における明治期の西洋近代化

1868年9月8日の明治改元から始まる明治維新以降、日本は急速な西洋式の近代化を進めた。政府は殖産興業政策に力を注いでいった。国内に様々な近代産業を移植し、日本を欧米のような資本主義国家を目指す政策が進められた。そしてわずか20数年で鉄道や電話、郵便といったインフラを整備し、綿糸や生糸の大量生産・大量輸出を始めるなど、産業革命が起こった。

産業革命を起こした日本では、欧米諸国が経済発展をさせるために導入していた資本主義経済システムを導入した。そして資本主義システムの成熟に欠かせない証券市場を開設することになる。明治初期には、横浜で為替取引をしていた両替商が、東京へ進出して公債の売買をはじめた。

この両替商が日本初の証券業者であった。やがて公債売買が活発化すると、仲買人どうしで公債の在庫量を調整したいというニーズが生まれ、日本初の取引所設立が、横浜から東京に進出した両替商の今村清之助と渋沢栄一が中心になって進められることになった。そして1878年に日本で最初の株式市場である東京株式取引所（現在の東京証券取引所の前身）が設立された。以降の日本社会の産業発展には、証券取引所が貢献しつづけることになる。

また、明治期の日本では軍国主義による富国強兵のもと、植民地政策も西欧列強の追随が行われた。朝鮮半島の支配をめぐって1894年に日本と清国とのあいだで戦争が勃発した。日清戦争後、勝利した日本側は、清国から得た巨額の賠償金をもとに産業を育成した。その影響で、日本経済界は好景気に沸き、新会社の設立がブームになった。

1904年には日本とロシアの間で日露戦争が勃発した。日露戦争勝利後の日本は、世界有数の強国ロシアに勝利したことで、国際的な信用力を増すことになった。信用力を得た日本は、江戸時代に結んだ欧米諸国との不平等条約を改正することができた。この結果、日本は貿易で自由に関税をかけられるなど、経済成長に有利な環境をつくり出せることになった。

そして、日本は1914年に勃発した第一次世界大戦で、戦場になったヨーロッパ各国へ物資を輸出することで、対戦国に代わってアジア市場へ進出したため、産業界が空前の好景気となった。

しかし、1918 年に第一次世界大戦が終結すると、戦場となって疲弊したヨーロッパ諸国の工業生産力が回復したため、日本の製品輸出量は急速に減り、経済不況におちいった。経済が長期停滞する中、1929 年におきた世界恐慌が、日本の国家運営を追いつめていくことになる。そのため日本は、資源奪取のために中国大陸に進出した。1937 年に日中戦争がはじまると、日本の資本主義システムが軍事統制体制へ変貌していくことになる。

## 4　渋沢栄一の和魂洋才

渋沢栄一(1840 ～ 1931)は、江戸時代末期に農民(名主身分)から武士(幕臣)に取り立てられ、明治政府では、大蔵少輔事務取扱となり、大蔵大輔・井上馨の下で財政政策を行った。退官後は実業家に転じ、第一国立銀行や理化学研究所、東京証券取引所といった多種多様な会社の設立・経営に関わった。教育者としては、二松學舎第 3 代舎長(現・二松学舎大学)を務めた他、商法講習所(現・一橋大学)、大倉商業学校(現・東京経済大学)の設立にも尽力した。渋沢は、その功績を元に「日本資本主義の父」と称される。また、『論語』を通じた経営哲学でも広く知られている。

渋沢の生家は藍玉の製造販売と養蚕を兼営し、米、麦、野菜の生産も手がける豪農だった。渋沢は、1861 年に江戸に出て海保漁村の門下生となる。また北辰一刀流の千葉栄次郎の道場(お玉が池の千葉道場)に入門し、剣術修行の傍ら勤皇志士と交友を結ぶ。その影響で 1863 年に尊皇攘夷の思想に目覚め、高崎城を乗っ取って武器を奪い、横浜を焼き討ちにしたのち長州と連携して幕府を倒すという計画を立てたが、親族の説得で諦め京都に行く。そこで江戸遊学の折より交際のあった一橋家家臣・平岡円四郎の推挙により一橋慶喜に仕えることになる。

渋沢は、1867 年に主君の徳川慶喜が将軍となったことに伴って幕臣となった。そして、パリで行われる万国博覧会(1867 年)に将軍の名代として出席する慶喜の異母弟・徳川昭武の随員として御勘定格陸軍付調役の肩書を得て、フランスへと渡航し、パリ万博を視察したほか、ヨーロッパ各国を訪問する昭武に随行する。渋沢は、各地で先進的な産業・軍備を実見すると共に、社会を見て感銘を受けることになる。渡航中渋沢は外国奉行支配調役となり、その後開成所奉行支配調役になった。

帰国後渋沢は、フランスで学んだ株式会社制度を実践することや、新政府からの拝借金返済のために、1869 年に静岡で商法会所を設立したが、大蔵省参与の大隈重信に説得され、10 月には大蔵省に入省した。官僚としては度量衡の制定や国立銀行条例制定に携わった。1872 年には紙幣寮の頭に就任している。1873 年に予算編成を巡って、大久保利通、大隈重信と対立し退官した後、第一国立銀行の頭取に就任し、以後は実業界に身を置いた。

渋沢が設立に関与した会社は、第一国立銀行ほか、東京瓦斯、東京海上火災保険（現・東京海上日動火災保険）、王子製紙（現・王子製紙、日本製紙）、田園都市（現・東急）、秩父セメント（現・太平洋セメント）、帝国ホテル、秩父鉄道、京阪電気鉄道、東京証券取引所、麒麟麦酒（現・キリンホールディングス）、サッポロビール（現・サッポロホールディングス）、東洋紡績（現・東洋紡）、大日本製糖、明治製糖、澁澤倉庫などその数は 500 以上といわれている。

渋沢は、1909 年に 70 歳に達し、財界引退を表明したが、1923 年の関東大震災後の復興のために、大震災善後会副会長となり寄付金集めなどに奔走した。また、先に述べた通り教育者としても活躍した渋沢は、1916 年に「論語と算盤」を著し、「道徳経済合一説」という理念を打ち出した。幼少期に学んだ「論語」を拠り所に倫理と利益の両立を掲げ、経済を発展させ、利益を独占するのではなく、国全体を豊かにする為に、富は全体で共有するものとして社会に還元することを説いた。

人材育成におけるリーダーシップ・開発を行う安倍は渋沢の和魂洋才を次のように分析している[2]。

【和魂の要素】

①論語を基軸とした経営

②志・使命感

③忍耐強さと寛大さ

①は、渋沢が経営、ビジネスにおける基軸として、論語を学び、その論語

の精神から一歩も出ずに、企業経営を行ってきたことである。

②は、渋沢は当時身分の低かった商業の立場を高め、国の基盤として発展させようとしたである。1923年の関東大震災では、渋沢は当時83歳であり、まわりからの反対がありながらも、「この年まで生かされているのは、このような場で活躍するためである」と言い、先頭に立ち、復興を先導した。

③は、渋沢は、自ら設立した王子製紙の経営を他者に乗取られようとした際にも、会社のことを考え、潔くその職を辞した。出資の協力などのために他者に何度も頭を下げ、協力を要請していたことである。

【洋才の要素】

①新しいもの、効率的なものへの好奇心と柔軟性

②スピード経営

③管理会計の手法の実践・数々の企業経営

①は、渋沢は、1867年に初めて行ったフランスで、その近代化のすごさを目の当たりにし、即座にちょんまげを切り、欧州の経済・企業・社会インフラなどについて徹底的に学んでいったことである。

②は、渋沢は、当時進んだ欧州の経営・ビジネスの仕組み（株式会社制度、証券取引所等）やインフラなどを次々と取り入れていったことである。

③は、渋沢は、生涯で500社以上の企業に関わったが、「1人で同時に経営の面倒を見られるのは30社まで」と言い、各社の経営者と1時間ごとに面談を行い、各社の会計書類を参考にしながら、現状・問題点を聞き、次々とアドバイスを行うという面談を行ったことである。

本書第1編では、渋沢が設立した田園都市株式会社を起源とする東急グループによる公共交通整備と住宅地開発を両輪とした持続的なまちづくりに着目した。渋沢から経営を引き継いだ五島は、田園都市株式会社から社名が変更された東京急行電鉄において、渋沢が着想の原点としたハワードの田園都市理論を日本独自の田園都市として実現することになる。そして、それは21世紀になって、新しいまちづくりの評価基準となるグリーンインフラを先取りしていたかのようである。

2019年9月、東京急行電鉄は、商号を東急に変更した。これまで東急が主業にしてきた鉄軌道事業は、10月に分社化して東急電鉄が引き継いだ。

東急は渋谷をターミナルに、東京南西部や神奈川県にかけて路線網を有する。東京の大手私鉄の中で、東急の路線規模は決して大きくないが、鉄道と連携した不動産事業は順調に業績を伸ばしてきた。拠点の渋谷のみならず、東急は東京をはじめとする都市開発の主要プレイヤーになっている。

そう考えると、鉄道事業を子会社に、不動産部門を親会社に担わせる東急の分社化は、田園都市株式会社へのいわば原点回帰とも受け取れる。東急は渋沢が描いた和魂洋才を、ハワードの田園都市からグリーンインフラ、そしてSDGsへと承継したのである。

## 5　第二次大戦後のGHQ指導の民主化

次に「日本近代」と「日本現代」を通常区分するのは1945年8月15日である。いうまでもなく、これは第二次大戦とその敗北を画期として、現代日本は新たに出発するという歴史認識である。戦前と戦後の区分を第二次大戦の敗北におくもので、戦前の天皇制、軍国主義、ファシズムと区別して、戦後GHQによる非軍事化と民主化、その平和と民主主義の制度的保障として国民主権を明記した新憲法の制定によって、戦前との断絶を強調するのが通説である。

そして、日本での第二次世界大戦後のいわゆる戦後民主化運動は、敗戦という状況下で、連合国軍最高司令官総司令部（以下GHQ＝General Headquartersの略）の意向が大きく作用して行われた。農林省の農業改良普及事業、厚生省による保健衛生、栄養改善、文部省による公民館を中心とした社会教育、労働省による婦人活動などの取り組みがなされた。農村でその中核を担ったのが農林省所管の生活改善運動であった。

この運動は戦後の三大農業政策といわれた農地解放、農業共同組合、農業改良普及事業の1つである農業改良普及事業の一環として行われた。1948年7月の農業改良助長法の制定によって、本格的な取り組みがはじまり、農業技術と生活改善という2つの側面からアプローチがなされた。前者は、農業生産技術の向上と農業経営の確立をめざし、後者は、生活の改善に力点が置かれた。

農業技術普及と農村の組織化をとおして生産の拡大を目指した農村の「開発」あるいは「発展」は、明治時代にはじまる農事巡回教師制度による農村への国家的な取り組みから農会、農業会、農村経済更生運動などの歴史的な経緯をたどり、戦後の改善事業へとむかった。活動の政治的社会的な位置づけは異なるが、そこにはつねに、近代科学へ信奉や西洋近代合理主義の思想の受容に対する葛藤が見てとれる。その社会的文化的な変容は、視覚的には生活スタイルの変化として記憶されるが、その根底にある価値観、思想とは何かを抜きには語ることはできない。

## 6　生活改善運動と一村一品運動の和魂洋才

第二次大戦後の食糧難の時代から食糧増産に目処がつき、地方財政も安定してきた1960年代に入ると、農村の公民館建設や台所改善などに県から無利子で融資される制度が整備され、一気に生活環境の改善が進んだ。また、生活改善普及員の研修を実施し、自転車やスクーターを提供し、生活改善資金を用立てるなどした地方行政のバックアップは、生活改善普及員の活動の成果を促進する機能を果たした。

農村生活の改善というと、GHQの指導の農村の民主化政策に基づいて農林省が行った「生活改良普及事業」というトップダウン方式の政策ことになるが、実際の農村の現場における「生活改善」の主たる働きかけは、農林省と各都道府県によって全国に配置された女性の生活改善普及員と農村の女性との協働というボトムアップ方式で行われた。

そして、あえて「運動」と呼ぶのは、実際に当時の農村で行われていた種々の「改善」、「開発」の動きが、単に農林省の事業によって引き起こされたもののみではなく、厚生省管轄下の「栄養改善」、「産児制限」、「母子健康」、文部省管轄下の「社会教育」、「新生活運動」、それ以外にも自治体が中心となって推進した「環境衛生」などをも含んでおり、「生活改善」は一種の国民的スローガンであったからである。

したがって、生活改善普及員は活動内容によっては保健婦と協力して健康診断に相乗りすることや、栄養士と一緒にキッチンカー（栄養改善車）に乗って料理講習を行うことや、公民館の社会教育主事の協力を得て、社会学級で問題提起を行うことや、農村青少年を育成するための地域クラブのキャンプに参加したりしたのである。

それはまさに「総合的農村開発」実験であったといえる。行政にも庶民にも利用可能な資源・資金が限られている中で、住民参加によって目的を達成しようとする「参加型」開発の模索でもあった。

本書第2編では、この生活改善運動を大分県独自の農村の活性化に結び付けた政策として「一村一品運動」に着目する。1979年に大分県知事に就任した平松守彦（1924～2016）は、過疎地域として高齢化、後継者不足に悩む県内の農村において、一村一品運動を展開した。平松は就任当時、国がやるべきは「通貨、国防、外交」で、福祉、教育、農業などは地方に任せればよいという考えを持っていた。そして、地域が主人公としての特徴を出す一村一品運動を提唱したのである。

平松は、「行政による政策実施は、現政権が何らかの新たな改変を加えようとしない限り、政策としてとりたてて意識されることはない」と考えて[3]、一村一品運動施策を過去の施策に飲み込まれない施策として展開しようとした。そのために一村一品運動施策の戦略として、行政指導と行政頼りを避け、県の行政組織に背を向けた方向で施策の開始を試みた。

平松の戦略は、一村一品運動施策に取り組む現場である市町村が進める施策が、地域のニーズとして施策執行側の県に届くようにすることで、市町村のニーズに応える県の自主的な施策として具体化した。

こうして一村一品運動施策の実現に向けての動きが、施策に取り組む現場の市町村で明確になり、その動きが市町村のニーズに結びつくようになることで、県の組織もその施策を積極的に取り組まざるを得なくなった。そこで平松は、県の企画課の既存の広報事業に、市町村の一村一品運動施策の取り組みを紹介する広報事業の展開を命じた。その後、農政部は既存の農業祭に一村一品運動施策の事業推進でつくられた産物を展示する場を提供した。

つまり、県の施策執行部局は、平松が主張する担当課と予算を持たさない一村一品運動施策の推進のために、既存の事業に一村一品運動施策を関連付けて、一村一品運動施策の展開をし始めたのである。

このやり方は、先に述べた「総合的農村開発」の取り組みと共通する。県にも市町村にも利用可能な資源・資金が限られる中でのボトムアップ方式の政策といえる。

一村一品運動の理念には、「ローカルにしてグローバル」、「自主自立・創意工夫」、「人づくり」がある。このうち「人づくり」においては、国の指導の元に進められている農村生活改善運動がある。その主な内容は、農業生産の担い手対策でありそこには農業後継者育成対策，農村婦人対策がある。また、活力ある人材の育成施策としての婦人対策がある。

農業後継者育成対策事業の内容は、地域農業振興の中核的担い手を確保することで、1980年度の予算執行額は23,651千円であった。農村婦人対策事業の内容は、農業の主要な担い手である農村婦人を中心に、生活環境及び農作業環境改善などの自主的活動の促進を図るために、実践グループの育成と地域への普及を目的として1980年度の予算執行額25,508千円であった。

このような人材育成に関わる事業は、中央政府から委託された施策の展開として他の多くの県でも実施する内容であった。

## 7　SDGs目標17パートナーシップで目標を達成しよう

今日、世界が対峙している課題の1つにSDGs（Sustainable Development Goals）がある。SDGsは世界を変えるための17の目標「持続可能な開発目標」とそれらを達成するための具体的な169のターゲットで構成される。17の目標には環境、資源、エネルギー、健康・衛生から教育、労働、産業、さらには人権や公正性の実現まで、地球社会全体が協力して解決すべきグローバルな課題が網羅されている。

これらを2030年までに、なおかつ「地球上の誰一人として取り残さないこと」を目指して、すべての国・すべてのステークホルダーが行動を進める、それがSDGsである。そしてSDGsの目標17番目は、パートナーシップで目標を達成するものである。

これはSDGsの前身であるMDGsから受け継いだ教訓からSDGsの締めのメッセージとして設定されている。

MDGsでは、先進国と開発途上国という、援助する側と援助される側という図式があった。そのためにMDGsでは、先進国による開発途上国への開発援助を中心とした内容であったため、開発途上国側からの批判もあった。なぜなら開発援助は、世界中に増殖した市場経済やグローバリゼーションと向かいあう伝統文化とその思想、換言するなら「共通化と地域化」、「普遍化と個別化」という相反するベクトルが同時的あるいは重層的に混在するという矛盾を抱えているからである。

それはいわゆる先進国が低開発とみなしている社会に援助するという枠にとどまらず、地球規模の環境問題、人口問題、紛争など人類の生存を問う問題系の議論と共通するものでもある。

近年「開発」の現場では、開発する側、開発される側という二項対立の枠組みでは貧困削減に代表される開発途上国が抱える問題を解決することができず、行き詰まりの様相を呈していた。そこで議論されたのが住民を主体とし、ボトムアップの形で問題解決を試みる参加型開発であった。

## 8　SDGsとESGとの違い

企業の社会的責任（CSR = Corporate Social Responsibility）を表す言葉にESGがあるが、ESGとは、環境（Environment）、社会（Social）、ガバナンス（Governance）の頭文字を取ってつくられた言葉である。企業の長期的な成長を目指すには、ESGの３の観点が必要であることが世界的にも周知されている。３つの観点から企業を分析し、優れた経営をしている企業へ投資することを「ESG投資」と呼ぶ。

ESGとSDGsの根源が類似していることもあり、近年はセットで注目される傾向にある。しかし、ESGは顧客・従業員・株主・取引先・競合他社・地域社会・行政機関などのステークホルダーに対する配慮であり、広義における企業の長期目標といえる。

一方のSDGsは、企業だけでなく国や地方団体を含む最終目標である。企業がESGを通して日々活動をしていく中で社会に貢献し、将来的なSDGsの達成につながるのである。

## 9　和魂洋才からSDGsへ

今日の日本では、人口減少・超高齢化など、地域が直面する社会課題が山積みとなっている。これらの解決に向けて多くの自治体、民間企業、市民団体がSDGs事業で連携することで、日本がSDGs先進国となり、国際社会への寄与が求められる。

2019年1月には、「SDGs全国フォーラム2019」（主催・神奈川県、共催・横浜市、鎌倉市）が開催され、次の「SDGs日本モデル」が宣言された。

①自治体主導の官民連携のパートナーシップによる地方創生
②企業・金融の力を生かした社会的投資の拡大とイノベーション
③世代、ジェンダーを超えたパートナーシップによる住民が主役となるSDGsの推進

これらは、政府が推進するSDGsアクションプラン[4]のキーワードでもあり、2018年7月のハイレベル政治フォーラムで日本政府が発表した「オールジャパンによるSDGsの取り組み」の中核となるものである。以下に同フォーラムにおける内容を記す[5]。

フォーラムの第1部では、「SDGs日本モデル」を宣言するにあたり、日本政府を代表して片山さつき・内閣府特命担当大臣、阿部俊子・外務副大臣が登壇し、現在、政府が推進するSDGsアクションプランについてさらに、SDGsは日本だけの取り組みではなく世界共通のテーマであり、世界各国の政府・団体とも連携して2030年に向けてSDGsの達成を目指すことが述べられた。

続いて2015年にSDGsを採択した国連を代表して、根本かおる国連広報センター所長が登壇し、「日本の自治体は、人口減少、超高齢化など、世界のフロンティア課題に立ち向かいながら、持続可能な地域づくりに立ち向かわなければなりません。その文脈において、『SDGs日本モデル宣言』が国、自治体、企業、NPOそして住民をつなぎ、全国の自治体が一体となって諸課題に包括的に取り組むことで課題解決の大きな推進力となっていくでしょう。フォーラムが多くの方々にとって刺激となり、様々なパートナーシップ

を築くきっかけとなることを願っています」と述べた。

## 10　結び

「SDGs日本モデル」宣言は、33都道府県93の自治体が賛同を表明した。事前に署名されたボードに、神奈川県黒岩知事と、徳島県飯泉知事がさらに代表署名した。そして片山・内閣府特命担当大臣の立会人署名をもって、「SDGs日本モデル」宣言として正式に発表された。

第二次大戦後の奇跡的な経済成長を果たした日本は、その間、環境汚染、公害病など多くの発展に伴う弊害にも向き合い克服してきた。公害問題にかかわる住民運動は、地方公共団体、国、そして企業の公害防止努力を促す原動力になった。現在では、これらの公害反対運動に端を発する取組は、公害に汚染された地域の再生の取組みやリサイクル運動などにより幅広い活動へと展開している。

これはまさに現場の実践から学んだ知恵を尊ぶ考えを承継したものである。このような知恵と実践を「和魂和才」とするならば、「SDGs日本モデル」は「和魂和才」が基盤になるであろう。

### 引用

1　國學院大學メディア（2017）「私たちはなぜ今こそ渋沢栄一の理念に学ぶべきなのか・現代の企業に求められる『開放的な経営』『論語と算盤』とは」國學院大學、https://www.kokugakuin.ac.jp/article/38738（2021年1月7日閲覧）
2　安倍哲也（2015）「渋沢栄一氏に学ぶ“和魂洋才”のリーダーシップ」EQ PARTNERS BROG、https://eqpartnersblog.com/2015/03/11/p4r5gr-kl/（2021年1月6日閲覧）
3　西尾勝（1993）「行政学」有斐閣、p 247
4　SDGs推進本部（2019）「SDGsアクションプラン2020」、https://www.kantei.go.jp/jp/singi/sdgs/dai8/siryou2.pdf（2021年1月6日閲覧）
5　朝日新聞2030SDGsで変える（2019）「【SDGs全国フォーラム2019】日本各地から世界へ発信する『SDGs日本モデル』とは？（前編）」、https://miraimedia.asahi.com/sdgsalljapanmeeting2019_01/（2021年1月6日閲覧）

# 第 1 編
# 渋沢栄一の田園都市

# 第1章 東急の日本型田園都市

【要旨】

渋沢栄一は、人は到底自然なくして生活できるものではないとして、緑豊かな住宅都市の建設をめざして田園都市株式会社を設立した。これはイギリスのエベネザー・ハワードの田園都市理論を基にしたものであった。

しかし渋沢は、イギリスとの気候風土、社会状況のちがいから、一時は日本での田園都市実現を挫折しかけた。その渋沢を突き動かしたのは、1923年に発生した関東大震災による首都壊滅であった。東京市都心部において木造家屋の密集地を一挙に壊滅させたこの大災害により、都市防災の取り組みが、喫緊の課題となったからである。

この未曽有の大災害を経験した渋沢は、このときの既に80歳を超えていた。一面瓦礫の山と成り果てた帝都の復興が、渋沢にとっては最後の取り組むべき仕事であったことは想像に難くない。渋沢の田園都市構想は、郊外に伸びる電鉄事業によって実現することになる。

その後、渋沢の考えを承継した東急は、その沿線まちづくりにおいて、ハワードがイギリスで実現したレッチワースとは異なる日本型田園都市を実現させた。

したがって、東急による沿線のまちづくりは、その発生はハワードの田園都市に理念を求めることができるが、実施された事例はまさに、東京城西エリアの現状、土地制度、風土、文化、技術など様々な点を考慮した、都市と郊外の一体的整備運営がなされたグリーンインフラによる日本型田園都市形成であった。

本章では、明治から昭和初期において、「洋才」としてのハワードの田園都市理論の実現を、「和魂」としての日本型田園都市の形成を進めた渋沢と東急の取り組みを見る。

## 1　はじめに

東急グループは創業以来、公共交通整備と住宅地開発を両輪として、公共性と事業性を両立させながら、他社に先駆けて新しい生活価値を提案し、持続的なまちづくりを行ってきた。このような東急のまちづくりの理念には、イギリスのエベネザー・ハワードによる「田園都市論」を範とした、日本型田園都市として、グリーンインフラによる住宅都市がつくられていることを明らかにすることが本章の目的である。

本章では、エベネザー・ハワードの経歴から、都市計画家としての田園都市論をみることと、ハワードの田園都市理論が実現したロンドン郊外のレッチワースとウェルウィン・ガーデン・シティについてその特徴をみる。

それによると、両都市ともハワードの田園都市のダイアグラムの構造とは異なるものであったが、広場に接して庁舎、図書館、郵便局等の公共施設が配されていることや、この広場から四方に並木道が放射し、それに面して住宅が立ち並ぶというハワードの田園都市に必要な要素は満たされていた。

したがって、ハワードの「田園都市論」とは、ハワードの表したダイアグラムに固定されているものではなく、都市を形成する公共施設や住宅などの要素の結びつきにあるということがわかった。すなわち、ハワードの提唱した「明日の田園都市」とは、ハワードが定義した通り、「郊外」ではなく、「郊外」の対極である生き生きとした都市生活のための総合体であるといえる。

一方、日本では明治の近代化において、首都東京の近代都市への改造が行われていった。たとえば、江戸時代に、江戸城天守閣をも焼失させた度重なる大火災に対応するための防災都市の建設、中央集権国家を支える官庁街の建設、蒸気機関車や電車、バスによる大量輸送機関が都市の動脈を形づくる都市建設である。

そのため明治期の東京の象徴的都市改造として、銀座、築地一帯など中心地の焼失を契機に開始された「銀座煉瓦街」建設、官庁街を現在の霞が関から日比谷近辺までに集中させる「官庁集中計画」、さらには現在の都市計画の源流とも言われる都市大改造計画「市区改正計画」などが挙げられる。また近代化する東京は郊外へと広がるが、大正時代から昭和初期にかけて、東京圏、関西圏では、都心部から郊外への私鉄の営業が開始された。

この時期において、江戸時代に幕臣として徳川慶喜に仕え、明治には実業家として日本の近代化をけん引した渋沢栄一は、東急の前身となる田園都市株式会社を設立した。東急は、鉄道建設と並行して田園都市建設を進めた。そして、日本型田園都市として開発された東京田園調布のモデルは、レッチワースではなく、ハワードとは関係のないサンフランシスコの高級住宅地セント・フランシス・ウッドであった。

しかし、駅前広場に接して公共施設が配されていることや、この広場から四方に並木道が放射し、それに面して住宅が立ち並ぶというハワードの田園都市の要素は構築されている。そして、緑に囲まれた都市（グリーンインフラ）としてハワードの田園都市論は受け継がれていると考えられる。

## 2　ハワードの田園都市論

### ハワードの田園都市の理念と日本への伝来

都市空間における新しい取り組みの考え方は、実はモダニズムの草創期、イギリスにおいて、近隣住区論としてはエベネザー・ハワードの「庭園都市」という形で、あるいは歴史的持続性ではパトリック・ゲデスの「進化する都市」という形ですでに提唱されていたと考えることができる。

また、同年代の日本においても、日本の都市計画の出発点として、都市の場所性や住民の暮らし方の調査を、都市計画の原点とした後藤新平の仕事にその片鱗を覗うことができる。

今日のアメリカで、新しい都市計画の理念として注目されている「ニュー・アーバニズム」の考え方、あるいは「コンパクト・シティ」と呼ばれる新しい都市再開発の考え方も、すべてその根本に、ハワードやゲデス提唱した理論の継承として、場所と歴史に根差した共同体のまとまりが都市の基本であると考えが覗われる。

したがって、21 世紀の都市空間の考えは、その回復の道を、今日の都市の状況の中で探っている点で、ハワードやゲデスと、あるいは日本おいては後藤新平の目指した都市空間と共通だと言えるのではないか。

1923年9月1日11時58分、マグニチュード7.9のかつてない大地震が関東地方一帯を襲った。関東大震災である。発生が昼食の時間と重なったことから、多くの火災が起きて被害が拡大し、死者・行方不明者14万人以上、被災者は340万人を超える大災害であった。9月2日には、震災8日前に急死した加藤友三郎から首相を引き継いだ山本権兵衛が帝都復興院総裁、後藤新平内務大臣が副総裁（9月27日からは総裁）として、緊急対策が開始された。後藤は9月4日に渋沢を内相官邸に招致し協力を要請している[6]。

これは筆者の推測ではあるが、後藤と渋沢の脳裏には、この時すでにハワードの田園都市理論を日本で実現する考えがあったのではないか。

渋沢は1840年3月16日生まれ、後藤は1857年7月24日生まれ、2人の歳の差は17歳（渋沢は早生まれなので学齢で言えば18歳）であるが、後藤が立案した帝都復興を渋沢は見ていたと考える。そして、「後藤の大風呂敷」と揶揄された復興計画の数少ない理解者であったと筆者は確信する。

田園都市論は、イギリスの実業家であり都市計画家であったエベネザー・ハワードが提唱した理論で、ロンドンの衛星都市としてレッチワースが田園都市として実際に建設された。ハワードは1898年に「明日 - 真の改革にいたる平和な道（To-morrow: A Peaceful Path to Real Reform）」を出版した[7]。

ハワードは、都市にスラムがなく、都市の魅力（機会、娯楽、高賃金など）と農村の魅力（美しさ、新鮮な空気、低い賃料など）の両方を享受できる都市を構想した。ハワードの田園都市構想では、「三つの磁石」の図によってその理念を提示されている。

図表1に示すハワードの理念は、当時の資本主義の経済体系において、都市と農村の対比の中で、個人と社会の関係性のバランスを追求しようとするものであった。ハワードは、この「三つの磁石」の理論に基づいて、イングランドのふたつの町、レッチワースとウェルウィンに田園都市を建設した。

これらの田園都市は、ハワードの示したダイアグラムと完全に一致するものとはならなかったが、建設後100年以上経過したレッチワースの都市のたたずまいは、スプロール現象を制御する1つのモデルを提示したものと評価されている[8]。

【図表1　ハワードの「三つの磁石」】

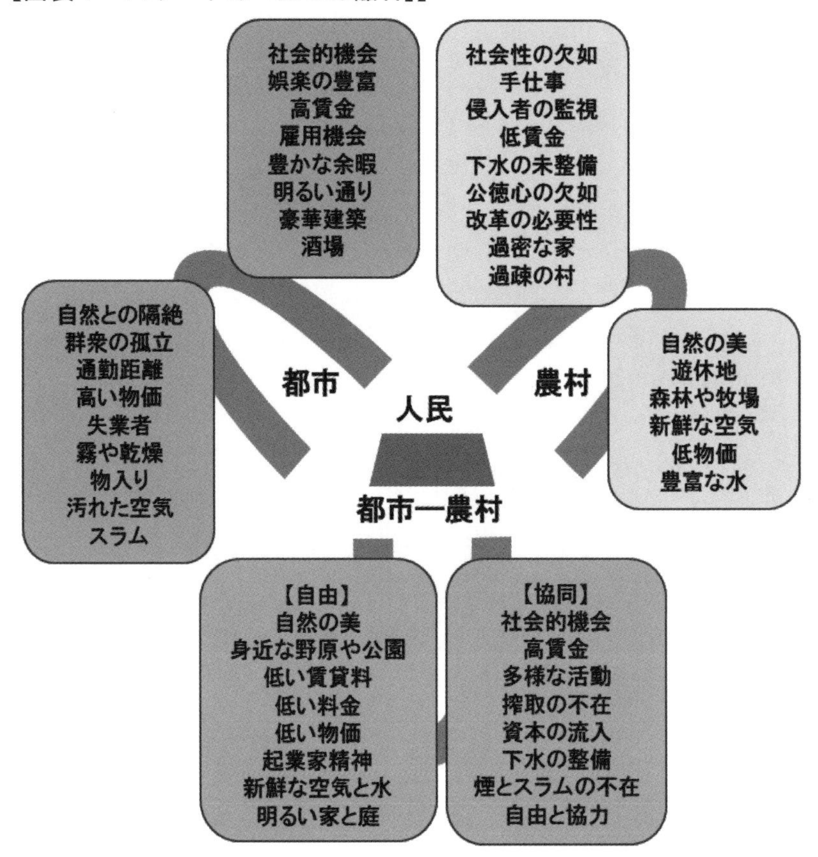


（出典）エベネザー・ハワード、長素連訳（1968）「明日の田園都市」図を基に著者作成

ハワードの「三つの磁石」とは、「都市」と「農村」と「都市－農村」という３つを引きつけ合う要素からなっている。ハワードは都市の現況をふまえ、都市を否定するのではなく、都市と農村の「結婚」をすべきだとした。

都市と農村、それぞれを磁石として表現し、それぞれの長所を磁力として、人々を鉄針に例えた。ハワードはさらにその２つの磁石に加えて、都市と農村の長所のみを兼ね備えた「都市－農村（Town-Country）」という「三つの磁石」をもって都市の牽引力を表した。

## 【図表2　エベネザー・ハワード、渋沢栄一、後藤新平に関する年譜】

| エベネザー・ハワード | | 渋沢栄一 | | 後藤新平 | | 世界 | | 日本 | |
|---|---|---|---|---|---|---|---|---|---|
| 1850 | 1月29日、ロンドン市フォア街62番地に生まれる。 | 1840<br>1858 | 2月13日、埼玉県深谷市血洗島に生まれる。<br>従妹ちよ（尾高惇忠の妹）と結婚。 | 1857 | 6月4日、睦奥国胆沢郡塩釜村（現奥州市）吉小路生まれ。留守家家士後藤左傳治實崇と理恵の長男。 | 1850<br>1851 | イギリス、最初の公衆衛生法　ロンドン万国博覧会開催（クリスタルパレス） | | |
| 1865 | 店員になる。速記を習い出す。 | 1864 | 一橋慶喜に仕える。 | 1864 | 武下節山の家塾で漢学を修める。 | 1859 | ダーウィン「種の起源」公刊 | 1958 | 日米修好通商条約 |
| | | 1866 | 徳川昭武に従ってフランスへ出立（パリ万博使節団）。 | 1867 | 留守邦寧の奥小姓となる。武下塾をやめ、藩校立生館に入る。 | | | 1867 | 大政奉還 |
| | | 1867 | 明治維新によりフランスより帰国 | 1868 | 幼兵に編入され立生館を休学。 | | | 1868 | 仙台藩降伏、削封 |
| | | 1869 | 静岡藩に「商法会所」設立。 | 1869 | 留守家削封とともに後藤家は土着帰農して平民となる。 | | | 1869 | 東京遷都 |
| | | 1870 | 官営富岡製糸場設置主任となる。 | 1870 | 胆沢県大参事・安場保和の書生。3ヶ月後に岡田俊三郎(後に阿川光裕）に預けられる。 | 1870 | イギリス、最初の労働者住居法 | 1870 | 工部省設置 |
| 1871 | アメリカ滞在。ネブラスカ州ハワード郡において二人の協働社とともに160acの国有地を習得し、農業を営む。 | 1871 | 紙幣頭となる。『立会略則』発刊。 | 1871 | 上京し、太政官少史・荘村省三の門番兼雑用役。 | 1871 | イギリス、労働組合法 | 1871 | 工部寮設立 |
| 1872<br>～<br>1875 | シカゴに行き、事務所勤めの職に就く。 | 1873 | 大蔵省を辞める。第一国立銀行開業・総監役。 | 1872 | 帰郷し、武下塾で詩文を修める。 | | | 1872 | 銀座煉瓦街着工 |
| | | | | 1873 | 阿川の勧めで、福島洋学校遊学。 | | | | |
| | | 1874 | 東京府知事より共有金取締を嘱託される。 | 1874 | 須賀川医学校入学。 | 1875 | イギリス、公衆衛生法 | | |
| 1876 | イギリスに帰国、議会公認記録係ガーネイズに加わる。 | 1875<br>1876 | 第一国立銀行頭取。<br>東京会議所会頭。　東京府養育院事務長（後に院長）。 | 1876 | 愛知県令となった安場とともに愛知県に転任した阿川家に落ち着く。愛知県病院三等医を拝命。ローレッツ博士の指導を受ける。 | | | | |
| | | 1877 | 択善会創立（後に東京銀行集会所・会長）。 | 1877 | 公立医学所二等授業生。医術開業試験を受け開業免除が授与される。大阪陸軍臨時病院、名古屋鎮台病院傭医となる。 | | | 1877 | 西南戦争<br>銀座煉瓦街第2期完成で打ち切り<br>工部大学校設立 |
| | | 1878 | 東京商法会議所創立・会頭（後に東京商業会議所・会頭）。 | 1878 | 再び愛知県病院に戻り、健康警察医官の設置を安場県令に建白。 | | | | |
| 1879 | エリザベス・アンビルズと結婚。 | 1880 | 博愛社創立・社員（後に日本赤十字社・常議員）。 | 1879 | 愛知県愛衆社を設立。 | 1879 | イギリス、ボーンビル工業都市建設開始 | | |
| | | | | 1881 | 国貞県令に「聯合公立医学校設立の儀」を建白。愛知医学校学校長兼病院長に就任。 | | | | |
| | | 1882 | ちよ夫人死去。 | 1882 | 愛知県医学校での実績が認められ内務省衛生局入省。板垣退助が岐阜で遭難、招かれて負傷を手当てする。 | | | 1882 | 日本銀行営業開始 |
| | | 1883 | 伊藤かねと再婚。 | 1883 | 父没す。内務省御用係、准奏任取扱、衛生局照査係副長となる。安場保和の二女和子と結婚。 | | | 1883<br>1884 | 鹿鳴館開館式<br>華族令制定 |
| | | 1884 | 日本鉄道会社理事委員（後に取締役）。 | 1885 | 東京府下の下水掃除改修の件につき、内務大臣芳川顕正に復命書提出。 | | | 1885 | 内閣制度制定<br>東京帝国大学工科大学設立 |
| | | 1885 | 日本郵船会社創立（後に取締役）。東京瓦斯会社創立（創立委員長、後に取締役会長） | 1887 | 「普通生理衛生学」著す。5月バルトンがイギリスから来日し、7月後藤らと函館、青森などで衛生調査を行う。 | 1887 | ル・コルビジェ、スイス・ラ・ショード・フォンに生まれる。パリ万国博覧会開催（エッフェル塔） | 1887 | 日比谷官庁街計画案（エンデ及びベックマン） |
| 1888 | ベラミーの「顧りみれば」のイギリスでの出版に尽力。 | 1888 | 東京女学館開校・会計監督（後に館長）。 | 1888 | 私立衛生会雑誌に「職業衛生法」を発表。 | 1888 | イギリス、ポート・サンライト工業都市建設開始 | 1889 | 大日本帝国憲法公布東京市区改正条例制定 |
| | | 1889 | 東京石川島造船所創立 | 1889 | 「国家衛生原理」を発表。 | | | | |

| | | | | | | | | | |
|---|---|---|---|---|---|---|---|---|---|
| | | 1890 | 貴族院議員に任ぜられる。 | 1890 | 在官のまま自費によるドイツ留学。ベルリンでの第10回国際医学会に出席。「衛生制度論」を発表。 | 1890 | イギリス、労働者階級住居法<br>アメリカ、イリノイエ科大学設立 | 1890 | 第一回帝国議会 |
| | | 1891 | 東京交換所創立・委員長。 | 1892 | ミュンヘン大学で医学博士の学位取得。帰国後内務省衛生局長就任。 | | | | |
| | | 1892 | 東京貯蓄銀行創立・取締役 | 1893 | 相馬事件により拘引、収監、衛生局長辞任。 | 1893 | シカゴ博覧会（都市美運動） | | |
| | | | | 1894 | 保釈、無罪となる。 | 1894 | ロンドン建築法 | 1894 | 日清戦争勃発 |
| | | 1895 | 北越鉄道会社創立・監査役（後に相談役）。 | 1895 | 石黒忠悳の推挙で中央衛生委員就任、帰還兵検疫を進める。広島・宇品港で臨時陸軍検疫部事務長官として従事。内務省衛生局長再任。台湾の阿片政策に関し伊東博文に意見書を上申。 | | | | |
| | | 1896 | 日本勧業銀行設立委員。 | 1896 | 台湾総督府衛生顧問嘱託。上下水道の調査設計を実施。 | 1897 | 金本位制施行 | 1897 | 土地改良に関する法律（区画整理の前身） |
| 1898 | 「明日—真の改革至る平和的な道」刊行。 | | | 1898 | 児玉源太郎台湾総督就任の際、台湾総督府民政長官に就任。 | | | 1899 | 旧耕地整理法 |
| 1899 | 庭園都市協会（後の国際住宅・都市計画協会）創設。 | 1899 | 日本興業銀行設立委員。 男爵を授けられる。 | | | 1899 | イギリス、小住宅取得法 | | |
| 1901 | 庭園都市協会第1回総会がボンヴィルで開催。 | 1901 | 日本女子大学校開校・会計監督。（後に校長） | | | | | | |
| 1902 | 前掲所「明日の庭園都市」に改題、改訂され刊行。庭園都市協会第2回総会がポート・サンライトで開催。 | 1902 | 兼子夫人同伴で欧米視察。ルーズベルト大統領と会見。 | 1902 | 新渡戸稲造台湾総督府技師とともに欧米視察。 | 1902 | ルチオ・コスタ、ブラジル・ツーロンに生まれる | 1902 | 日英同盟協定調印 |
| 1903 | 第一庭園都市レッチワース建設取り組み開始。 | | | 1903 | 貴族院議員に勅撰。 | 1903 | ライト兄弟飛行機初飛行 | 1903 | 日比谷公園建設 |
| 1904 | ハワード夫人死去。田園都市を提案する協会が1904年以来、随時、フランス・ドイツ・イタリア・ベルギー・ポーランド・チェコスロバキア・スペイン・ロシア・アメリカにおいて設立。 | | | | | 1904 | トニー・ガルニエ「工業都市」 | 1904 | 日露戦争勃発 |
| 1905 | レッチワース移住。ハワード夫人記念ホール建設。 | | | 1905 | 満韓地方視察。 | | | 1905 | 日露講和条約 |
| | | 1906 | 東京電力会社創立・取締役。京阪電気鉄道会社創立・創立委員長（後に相談役）。 | 1906 | 男爵授与。南満州鉄道初代総裁就任（台湾総督府顧問兼関東軍督府顧問兼任）。 | | | 1906 | 鉄道国有法公布 |
| 1907 | 再婚。 | 1907 | 帝国劇場会社創立・創立委員長（後に取締役会長）。 | 1907 | 和子夫人、新渡戸夫人とともに外遊。 | | | 1907 | 恐慌、株式暴落<br>エベネザー・ハワードの解説と日本における可能性を内務省地方局が研究 |
| | | | | 1908 | ロシア皇帝ニコライ2世に謁見。逓信大臣就任、鉄道院総裁兼任。 | 1908 | ドイツで庭園都市協会が設立される | | |
| 1909 | 庭園都市協会から田園都市及び都市計画協会に改称。 | | | | | 1909 | イギリス、ジョン・バーンズ法(住宅・都市計画法)<br>ニューヨーク郊外、フォレスト・ヒルズ・ガーデン（フレデリック・ロウ等設計） | 1909 | 耕地整理法（土地改良に係る法律の廃止） |
| | | | | 1910 | 新設の拓殖局副総裁を兼任。鉄道広軌改築案の骨子作成。 | | | 1910 | 韓国併合 |
| | | | | 1911 | 「広軌鉄道改築準備委員会報告書」刊行。桂内閣総辞職により逓信大臣及び鉄道院総裁辞任。 | 1911 | キャンベラ計画コンペ | | |

| | | | | | | | | | |
|---|---|---|---|---|---|---|---|---|---|
| | | | | 1912 | 戯曲「平和」発刊。7月桂太郎とロシア訪問。12月第3次桂内閣で逓信大臣兼鉄道院総裁、拓殖局総裁。 | 1912 | ベルリン、ファルケンベルク地区（ブルーノ・タウト設計）<br>エッセン郊外、マルガレーテン・ヘーエ（ゲオルグ・メッシェンドルフ設計） | | |
| | | | | 1913 | 桂の新党結成発表に立合う。桂内閣総辞職により逓信大臣、鉄道院総裁、拓殖局総裁辞任。立憲同志会脱退。 | 1914 | 第1次世界大戦勃発 | 1914 | 原敬政友会総裁 |
| | | 1916 | 理想的住宅地を構想。都市の過密を憂いた渋沢が東京市の郊外に理想的住宅地の建設を構想。 | 1916 | 寺内内閣の内務大臣兼鉄道院総裁就任。閣議で広軌準備復活を稟請。 | | | | |
| | | | | 1917 | 6月臨時外交調査委員。7月拓殖調査委員会委員長。10月都市研究所発足。 | 1917 | フィラデルフィア郊外、チェスナットヒル | | |
| | | 1918 | 田園都市株式会社設立。 | 1918 | 「国有鉄道軌間変更案」発表。寺内内閣外務大臣就任、9月内閣総辞職により辞任。10月臨時外交調査委員会委員就任。 | 1918 | 第1次世界大戦終結 | 1918 | 市区改正条例6大都市に準用 |
| 1919 | 第二庭園都市ウェルウィン建設開始。「田園都市」という述語が協会により定義・採用される。 | 1919 | 労使協調のための研究調査・社会事業を行う財団法人協調会を設立。 | 1919 | 2月ハルピン日露協会学校創立委員長、拓殖大学学長就任。3月～11月欧米視察。 | 1919 | ドイツ、ヴァイマールにバウハウスが設立される | 1919 | 都市計画法、市街地建築物法制定 |
| | | | | 1920 | 日露協会会頭就任。東京市長就任。 | | | 1920 | 第1回国政調査 |
| 1921 | ウェルウィン移住。 | | | 1921 | 「東京市政要綱（八億円計画）」提出。 | | | 1921 | 原敬暗殺される |
| | | | | 1922 | 東京市政調査会会長就任。同調査会顧問ビアード博士来日。 | 1922 | ル・コルビジェ「300万人の現代都市」 | 1922 | （財）東京市政調査会創設 |
| | | | | 1923 | 4月東京市長辞任。6月ビアード博士帰国。9月内務大臣兼帝都復興院総裁。10月ビアード博士来日。 | | | 1923 | 9月1日関東大震災、特別都市計画法（震災復興都市計画事業） |
| | | | | 1924 | 9月東京市長選出されるも辞退。10月（社）東京放送協会総裁。 | 1924 | アメリカ、クラレンス・ペリー「近隣住区論」 | 1924 | 同潤会発足 |
| | | | | | | 1925 | イギリス、都市計画法（住居法を分離） | 1925 | 東京、大阪用途地域指定 |
| | | | | | | 1926 | シカゴ郊外、レイク・フォレスト | | |
| 1927 | ナイト授与。1928年IFHP住宅都市計画国際連合会議議長辞任。 | | | 1927 | ソ連訪問 | 1927 | 金融恐慌 | 1929 | 市政会館・日比谷公会堂創建 |
| 1928 | 死去 | | | 1929 | 4月13日死去 | 1929 | アメリカ、ラドバーンシステム（ニュージャージー州ラドバーン） | 1931 | 羽田空港開港 |
| | | | | | | 1934 | フランク・ロイド・ライト「ブロードエーカーシティ計画」 | 1935 | 満州国、新京国都建設計画 |
| | | | | | | 1932 | イギリス、都市農村計画法（市域全体の計画へ） | 1939 | 大同の都市計画発表 |
| 1941 | 田園都市及び都市計画協会から都市・農村計画協会に改称。 | | | | | 1946 | イギリス、ニュータウン法 | | |

（出典）著者作成

また著者は、モダニズムの草創期のイギリスでの近隣住区論（エベネザー・ハワードの「庭園都市」）と歴史的持続性論（パトリック・ゲデス[9]の「進化する都市」）の比較考察を行った[10]。そしてこの研究では、ハワード、ゲデスと同年代の後藤新平の都市計画の仕事を比較考察した。その結果、後藤は都市の場所性や住民の暮らし方の調査を都市計画の原点としたが、これにはゲデスの歴史的持続性論の理論と通ずるものがあった。

また後藤は、1906 年に南満州鉄道株式会社総裁に就任し満州首都新京（現在の長春）の都市計画などを主導しているが、同年にはハワードの解説と日本における可能性を、内務省地方局が研究している（図表２参照）。

図表３は内務省地方局有志が編纂した「田園都市」の図である。ハワードの「庭園都市」のダイアグラムを日本語訳で掲載している。

このような日本の都市計画の草創期において、満州での後藤の都市計画や1923 年の関東大震災後に帝都復興計画を主導した仕事において、ハワードの田園都市理論の片鱗を覗うことができる。

**【図表３　内務省地方局有志編（1907）「田園都市」（初版）図】**

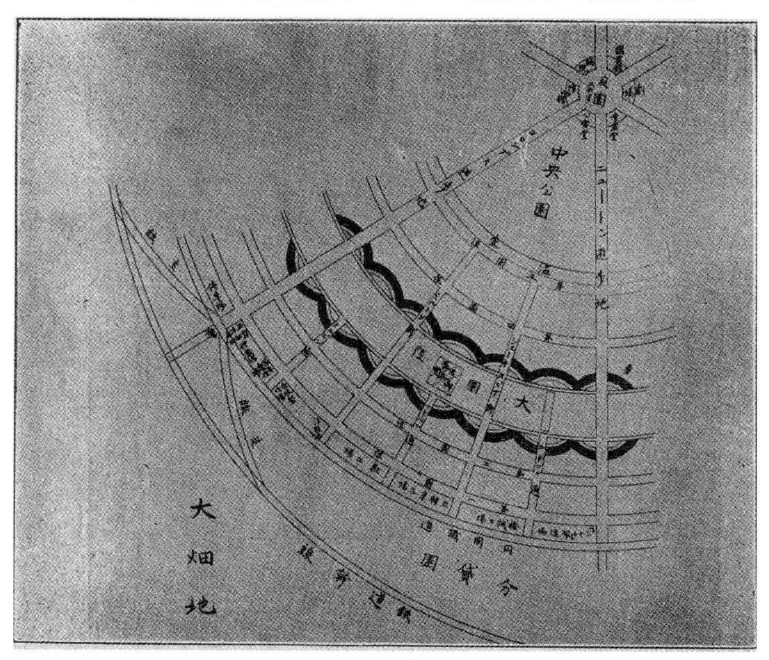


（出典）佐藤健正（2015）「近代ニュータウンの系譜－理想都市像の変遷－」市浦ハウジング＆プランニング、p13 図より転載。　http://www.ichiura.co.jp/newtown/pdf/modern_nt/01.pdf

【図表4　復興局公認　東京都市計画地図　1924年　江戸東京博物館蔵】

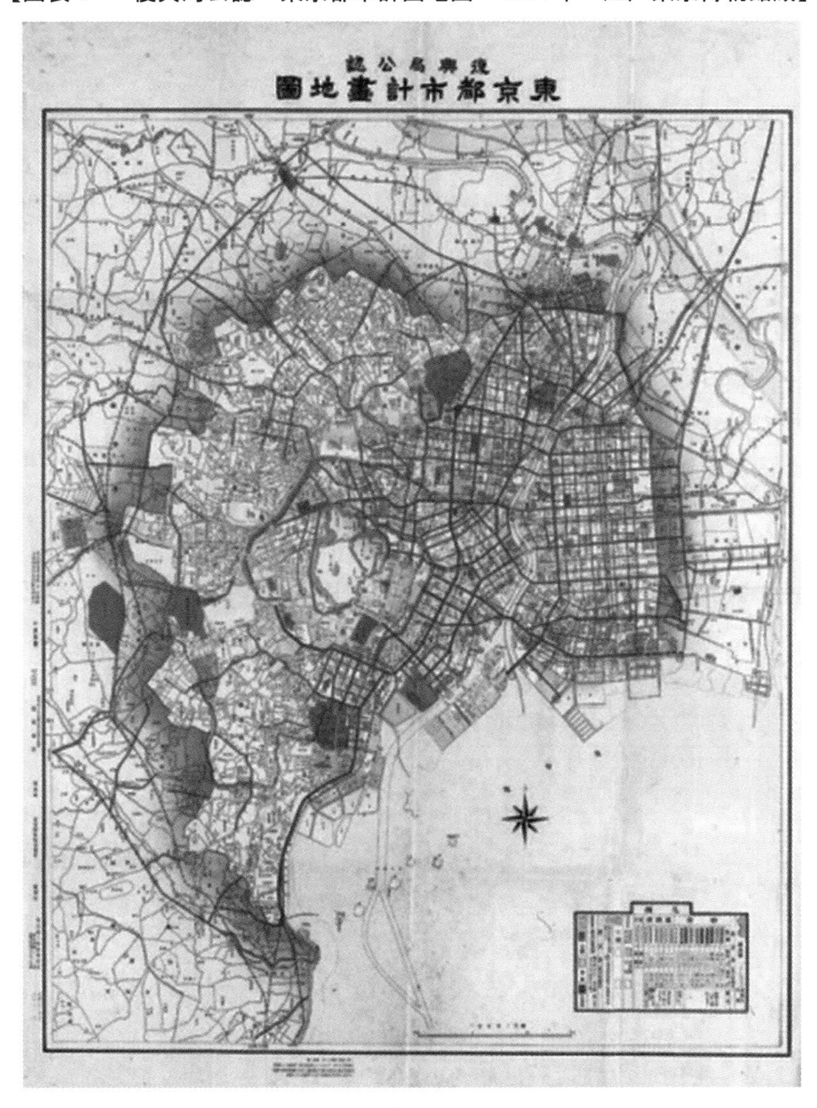


（出典）東京都都市整備局「都市計画制度の進展―震災・戦災からの復興（1910年代―1950年代）」、p 48
https://www.toshiseibi.metro.tokyo.lg.jp/keikaku_chousa_singikai/pdf/tokyotoshizukuri/2_02.pdf

図表4は、震災直後の東京都市計画地図であるが、帝都復興計画ではまず東京の幹線道路、次に大公園をどうするのかというのが根本問題だった。後藤は帝都復興計画において東京を環状に取り巻く緑地帯と道路を提案したが､その計画はまさにハワードの田園都市理論のダイアグラムを思わせる(後藤の計画が予算の問題から大幅に縮小された)。西洋近代化を貪欲に取り入れた日本において、ハワードの田園都市理論は日本にもそれほどの時間差を伴うことなく伝わっていたと考えられる。

## エベネザー・ハワードの経歴

ハワードは、1850年ロンドン市のフォア街62番地に生まれた。小さな小売商の息子であり、階級と教育に関しては特別の利益をもたなかった。15歳のとき店員になり、その後21歳まで目立った仕事はしていない。青年時代のハワードは、シェークスピア劇の素人俳優として活躍した時期があった。ハワードは生まれつき雄弁に恵まれていたらしく、初期の雇い主の1人であった市教会のパーカー博士は、 ハワードは説教者として成功すると本人に話したことがある。

ハワードは21歳の時、2人の友人とアメリカに行った。そこでハワードは農民であった叔父の影響を受け、その土地に定住するつもりであった。ネブラスカ州のハワード郡において、160エーカー[11]の国有地を取得した。2人の協同者と共に掘立小屋をつくり、トウモロコシ、ジャガイモ、胡瓜、西瓜を栽培したが、気質的に農民ではなかったので、この仕事は大変な失敗であった。しばらくは、その土地でうまくやれる3人の内の1人に雇われていたが､1年もたたないうちにシカゴに行き､再び事務所勤めの職を得た。ロンドンで店員をしていた頃に速記を習っていたので、シカゴでは速記の事務所で働き、裁判所と新聞のための専門の記録係となった。

1876年にイングランドに帰り、議会の公認の記録係であるガーネイズに加わった。個人的協同経営者を試みたが、不幸な結末に終わった後は、ガーネイズと他の同種の仕事のために働くことに落ち着いた。

ハワードの生活は決して裕福ではなく、収入は少なかった。もともと、ハワードは経済的な繁栄には無頓着であった。当時のハワードの関心事は、機械の発明とその理論にあった[12]。1876年から1898年にかけて、1回もしくは2回、ハワードは自らの発明とレミントンタイプライターのイングランドへの輸入のためにアメリカを再び訪問している。

1879年、ハワードはヌーニアトンの田舎人相手の宿屋の娘エリザベス・アンビルズと結婚した。エリザベスは優れた人格で、高い教養と趣味と田舎に深い愛情を持っていた[13]。夫婦は3人の娘と1人の息子と9人の孫を得た。経済的にはいつも窮迫していたが、家庭生活は幸福であった。

ハワードは、幾つかのサークルに入会した。その1つには、ヘンリー・ジョージの「単一税[14]」と「土地の国有化」と貧困と都市問題をテーマとするものもあった[15]。また、非国教会の聖職者と信者のサークルにも参加した。

ハワードの読書の範囲は広くはなかったが、自分の関心に関連した事項には熱心であった。たとえば、エドワード・ベラミー[16]の「顧みれば—2000～1887」[17]には大きな影響を受けている。ハワードは、1888年、この本のアメリカ版に熱中し、ついにイングランドにおける出版に尽力するに至っている。ハワードは、この本の衝撃を受けて、理想の町の構想は、ハワードにとっては本質的には「社会主義の地域社会（コミュニティー）」となった。

産業革命が進行したイギリスでは、ロンドンに人口が集中し、人々の生活環境悪化に苦しんでいた。この状況を憂いたハワードは、都市の長所と農村の長所を併せ持つ田園都市＝「都市と農村の結婚」を構想し、1898年に「明日－真の改革にいたる平和な道（Tomorrow; A Peaceful Path to Real Reform)」を出版した（1902年に「明日の庭園都市」の書名で、ほんのわずかな改定によって出版している)。そして、1899年には田園都市協会を設立し啓蒙活動を行った。さらに1903年には非営利の会社組織として第一田園都市会社 (First Garden City Ltd.) を設立して事業化に乗り出した。

第一田園都市会社は、ロンドンの北方55kmほどの距離にあるレッチワース（ノース・ハートフォードシャー郡に位置する）の近辺で農地を買収し、1903年に工事が着手された。その後1904年以来、ハワードの「庭園都市」提案を唱道するための協会がフランス、ドイツ、イタリア、ベルギー、ポーランド、チェコスロバキア、スペイン、ロシア、アメリカにおいて随時設立された。

1905年、亡き夫人の記念ホールの建設とともに、ハワードはレッチワースに移住した。そこでは、地所会社の重役を務め、そしてこの町の公的・社会的・宗教的生活において積極的に行動した。1907年に再婚している。

1921年、ハワードはウェルウィンに移住した。このころまでにハワードは、国際住宅・都市計画協会の総裁として世界的な知名度を有していた。1927年にはナイト爵に叙せられている。

1928年、ＩＦＨＰ住宅都市計画国際連合会議議長を辞任し、同年死去している。享年78歳。

## ハワードの都市計画の業績

「田園都市」という考え方は、ハワードによって提唱された。前項でのハワードの経歴が示すように、建築家でもなく、ましてや都市計画という職能が確立されていない時代にあって、都市計画家でもなかった。ハワードの都市計画の業績は、1898年に出版した「明日―真の改革に至る平和的な道」から始まる[18]。

それが1902年には「明日の庭園都市」と改題され、ほんのわずか改訂されて出版されるや、瞬く間に田園都市が脚光を浴び、庭園都市運動の主唱者となった。以後、1899年には庭園都市協会[19]を創設、その協会での活動を下敷きにして、1903年から第一庭園都市レッチワースの建設に取り組み、1905年にはレッチワースに移り住んだ。さらに1919年には第二庭園都市ウェルウィンの建設を開始し、1921年にそこに移り、1928年に生涯を終えることとなる。

レッチワースでの実際のコミュニティー運営の多くは、私的な慈善組織（private charity）によって遂行されてきた。しかも、このコミュニティー運営の範囲は都市計画や住民組織への補助・扶助といった、通常の自治体が有するような内容も含まれているという点で、極めてユニークな特色を有している 。

それは、この組織が存在することで、レッチワースは世界で最初の田園都市というアイデンティティをしっかりと保全しつつ、生活空間としてのコミュニティーの価値も維持させることに成功させていることである。

【図表５　ハワードの「庭園都市」のダイアグラム】

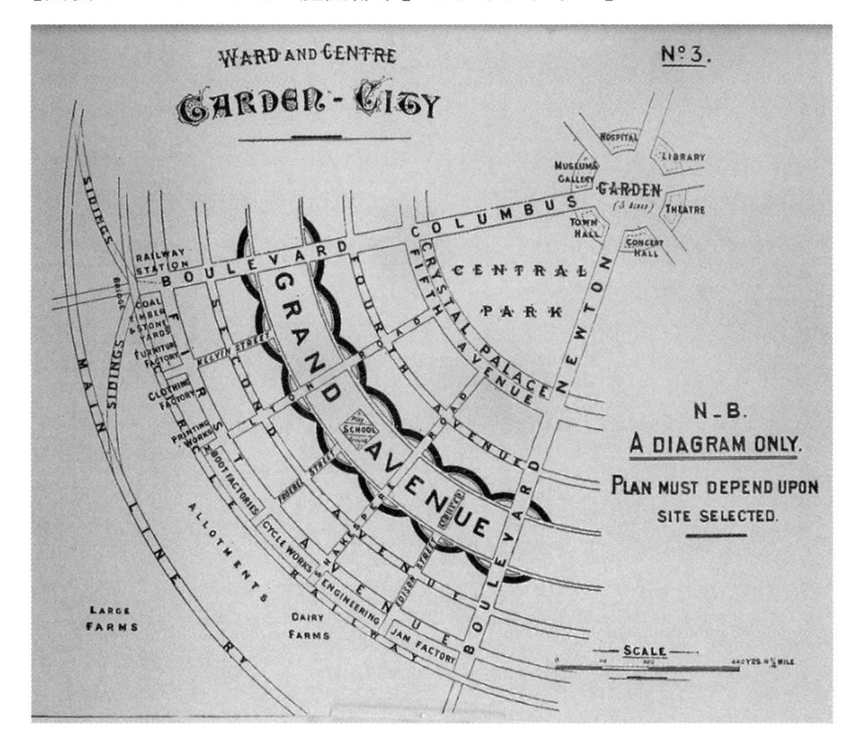


（出典）エベネザー・ハワード、長素訳（1968）「明日の田園都市」SD 選書、鹿島出版会

ハワードの「明日の庭園都市」は、重工業が発展する 19 世紀のロンドンの、あまりの環境悪化と貧困の拡大への憂いから生まれた。ハワードは、アメリカ・シカゴのガーデンシティー構想から刺激を受け、「都市と農村の結婚」を目指したのである。

ハワードの「明日の庭園都市」は具体的な数字を示しつつ、簡潔にかつ力強く進められる。収支・支出といった資金計画は、第 2、3、4、5 章の 4 つの章を用いて詳細に展開されるが、6000 エーカーの土地をどのような用途に対して、どのように配分し、計画するかは、ダイアグラムを用いて第 1 章で述べられている（図表 4 参照）。

6000 エーカーの土地の 6 分の 1 を用いて 1000 エーカーの庭園都市が

建設される。残りの土地は都市を囲む農地となる。人口は都市に3万人、農地に2000人の計3万2000人と考える。庭園都市は半径1240ヤード（1200m）のほぼ円形をなし、幅120フィート（36m）の6本の並木道が市の中心から放射状に延びる。市の中心に円形の広場があり、これを囲んで市庁舎、劇場、音楽堂、図書館が建ち、その外側にハワードが「水晶宮（クリスタルパレス）」と名付けたガラス屋根で覆われた商店街が置かれる。

さらにその外側の同心円状の道路に面して住宅が並ぶが、その標準の敷地の大きさは幅20フィート（6m）、奥行130フィート（40m）である。住宅地域のほぼ中央を周る道路は、「グランドアヴェニュー」と呼ばれている幅420フィート（126m）の壮大な緑地帯で、この中に、公園、学校、教会等が置かれ、これに面する住宅は、この緑地帯の景観を高めるようにクレセント（半月型の連続住宅）をなしている。町の一番外側に、工場、倉庫等が配され、それに沿って鉄道環状線が走る。

ハワードの計画の本質となる特徴は3つあると言える。

①庭園都市の土地は個人に所有されることなく、開発会社が一括して所有すること

②都市と人口の適切な規模を設定し、発展を制限したこと

③庭園都市を住居と工場、リクリエーション等の基本的施設を調和よく配した総合体と考えたこと

①は、庭園都市の土地を開発会社が一括して所有することによって、土地を投機の対象とはしないこととした。

②は、都市の発展の限界は、取り込む農村によって規定され、それは発展を阻む囲壁となるだけでなく、都市と農村の身近な連携を確保するものとしたのである。

③は、庭園都市とは郊外住宅地でもなければ、企業都市でもなく、健全な都市の基本的まとまりでなければならなかった。このことによって田園（農村）と都市は調和し、都市の無制限な膨張は避けられたのである。

庭園（田園）都市は、まさにハワードの定義したとおり、「郊外」ではなく、「郊外」の対極であり、といって田舎の隠遁所ではなく、生き生きとした都市生活のための総合体なのである。

ハワードの理念が、すぐさま人々に受け入れられたかというと、そうではなかった。保守的な人々は、これを単なる幻想として無視し、過敏な社会主義者たちは、妥協的な改革とみなして軽蔑した。当時の社会改革のために積極的な働きをしていたフェビアン協会[20]の人々さえ、これを実現不可能な無意味なものとして嘲笑した。

しかし、この理念は、思想家や批評家には無視されたが、行動を起こすことを願っている人々の心を着実にとらえていった。

1899年には「庭園都市協会（Garden City Association）が発足し、社会改良のための有力な人々が加わっていった。1901年の第1回総会はボーンヴィル[21]で300人を集めて開かれ、第2回は1902年にポート・サンライト[22]で行われた。この時には1000人を超える人々が集まった。

1903年、ハートフォードシャーのレッチワース[23]に、3818エーカーの土地が庭園都市協会によって購入され､最初の庭園都市の建設が開始された。この設計のために選ばれた建築家はレイモンド・アンウィンとバリー・パーカーである。彼らはすでにイギリスの伝統的集落やアン女王様式にもとづいたデザインの住宅建築によって住宅改良運動に取り組んでいた。アンウィンらのデザインとハワードの理念はレッチワースにおいて見事な一致を見出した。

図表6に示されたレッチワースの町の平面は、図表5に示されたハワードの「庭園都市」のダイアグラムそのものではない。

しかし､住宅の立ち並ぶ気持ちのよい並木道､公共建築物に囲まれた公園､ガラス屋根で覆われた商店街、住宅地に近接しかつ程よく分離されている工場、という基本的な要素はすべて取り入れられている。

「ダイアグラムは、示唆するだけのものであって、実践するものはこれと異なるだろう」とハワードが付記した通り、アンウィンらは、ハワードの概念をその地形に合わせて独自な形に結実させたのである。

ハワードのダイアグラムでは、中心部に公共施設を配備し、中央公園がそれを覆う。中心から放射状に伸びる並木道路と環状道路に囲まれて、居住地が6つにブッロク化されている。レッチワースの都市計画は、確かに詳細はハワードのダイアグラムとは異なるが、受け継がれ要素も認められる。

**【図表6　レイモンド・アンウィンとバリー・パーカーが著したレッチワースの都市計画図】**

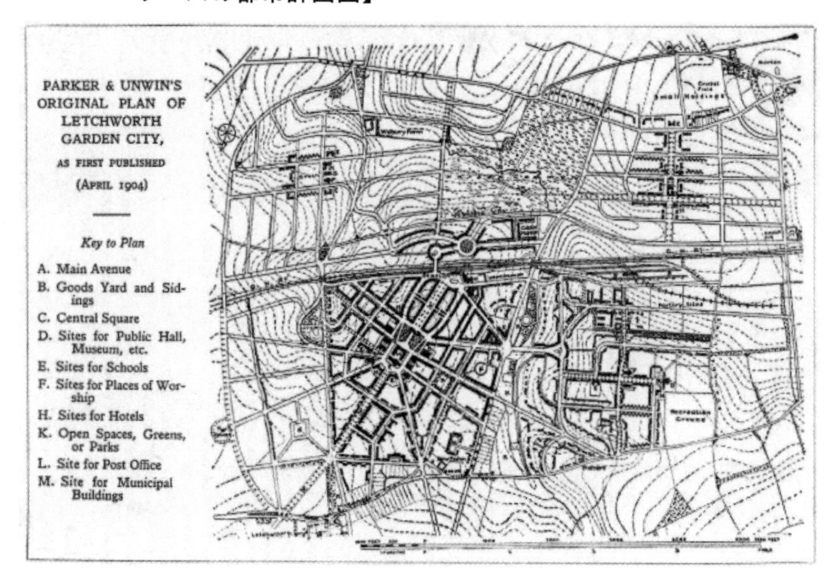


（出典）ブラウンスイス図より転載。https://note.com/brownswiss

レッチワースは、東西に走る鉄道と南北に走る主道のノートン・ウェイによって大きく４つの地区に分かれている。南西の地区が中心地区で、駅から南西に走る美しい並木道がこの中央を走って中心広場に至る（図表７）。

この広場に接して、庁舎、図書館、郵便局等の公共施設が配されている。さらにこの広場から四方に並木道が放射し、それに面して住宅が立ち並ぶ。それらはすべて前面に庭を配し、そのデザインは多種多様だが見事に統一がとれているノートン・ウェイとそれに沿った広々とした緑地帯があり、その東側には、主として工場労働者用の連続住宅が配され、その西側の鉄道線路に近い地帯には工場群が置かれている。駅の北側には70エーカーの広い緑地帯とスポーツ施設等が置かれている。

1919年、レッチワースの成功に続いて、ハワードは２番目の「庭園都市」の建設に取り組んだ。ウェルウィン・ガーデン・シティは、レッチワースよりロンドンに近く、キングス・クロス駅から30㎞強の位置にある。

この開発も基本的にはレッチワースと同じ手法が用いられたが、一部に、政府が戦後復興のために用意した郊外開発融資制度が利用された。設計にあたったのはアンウィンではなく、ルイス・デ・ソイソンズ[24]であったが、デザイン手法はレッチワースとほぼ共通している。

**【図表７　レッチワース航空写真[25]】**

ウェルウィンは、壮大な並木道が中央を走り、ピクチャレスクな曲線を画く道に沿って住宅が個性的な前庭を見せながら連なる。住宅のデザインはより洗練された趣のジョージ王朝風が主として用いられた。クルドサック[26]やクワドラングル[27]等の新しい手法を用いた配置も試みられた。公共施設や商業施設の設計においても、さらに密度の高い商法が展開されている。工

業地区もレッチワースに似た手法で計画された。

## 3　日本型田園都市構想とグリーンインフラ

レイモンド・アンウィンとバリー・パーカーらが設計を担当したレッチワースは、その美しいデザインとともに、持続可能なまちづくりの事例として、20 世紀以降に次々と出現するニュータウンに非常に大きな影響を与えることとなった。

レッチワースは、ハワードの構想を実現した「田園都市」のモデルとして参考になるものである。渋沢栄一も影響を受けたひとりであった。渋沢はこのハワードによって具現化された職住近接のまちづくりに対して、日本型田園都市として緑豊かな住宅都市を目指したのである。

しかしながら、その理念のすべてを日本の既存の都市において、レッチワースのような基本理念が当てはまるかは難しいと考えられる。たとえば、気候条件、農園の規模、農産物市場の違い等を考えると、イギリスと異なる農村観を持つ日本においては、その適用性には限界があると思われる。

田園都市株式会社が発足した当時、大半の人々は農業や町工場、個人商店で生計を立てていた。家業を継ぐことが優先され、そのために郊外に家を購入するという概念は薄かった。

会社勤めのサラリーマンは 1900 年代（大正期）から増えていたものの、絶対数は少なかった。そして、まだ鉄道をはじめとする公共交通機関は整備されていなかった。もちろん、自家用車を所有しているサラリーマンもいない。

そうなると、サラリーマンは必然的に会社の近くに居住する以外はなかったのである。

渋沢が思い描いていた庶民が家を構えるというライフスタイルは、そうした事情から郊外では成り立たないものであった。ここに渋沢が目指した緑豊かな住宅都市としての日本型田園都市との間に大きな矛盾があったのである。だからといって、都心部はすでに多くの家屋が密集しており、新たな家屋を建てる敷地的な余裕はない。

日本型田園都市の実現の矛盾に悩む渋沢にとって、再び田園都市建設へと突き動かしたのは、東京市都心部において木造家屋の密集地を一挙に壊滅させた災害であった。1923年に発生した関東大震災による首都壊滅により、都市の防災面からも郊外への住宅の展開は喫緊の課題になったことが考えられる。

渋沢は、ハワードが描いてレッチワースに実現した田園都市という郊外住宅地開発の夢を一度は挫折しかけた。渋沢の夢に拍車をかけたのは関東大震災であったともいえる。渋沢が行き詰った末に出てきたのが、郊外住宅地に鉄道を敷設し、鉄道で会社まで通勤するというアイデアだった。こうして、田園都市株式会社は鉄道部門を設立した。この鉄道部門が東急の源流となるのである。

実際、日本型田園都市として開発された東京田園調布のモデルはレッチワースではなく、ハワードとは関係のないサンフランシスコの高級住宅地セン

**【図表８　田園調布駅前航空写真「Google Map」航空写真（2020年1月10日閲覧）】**

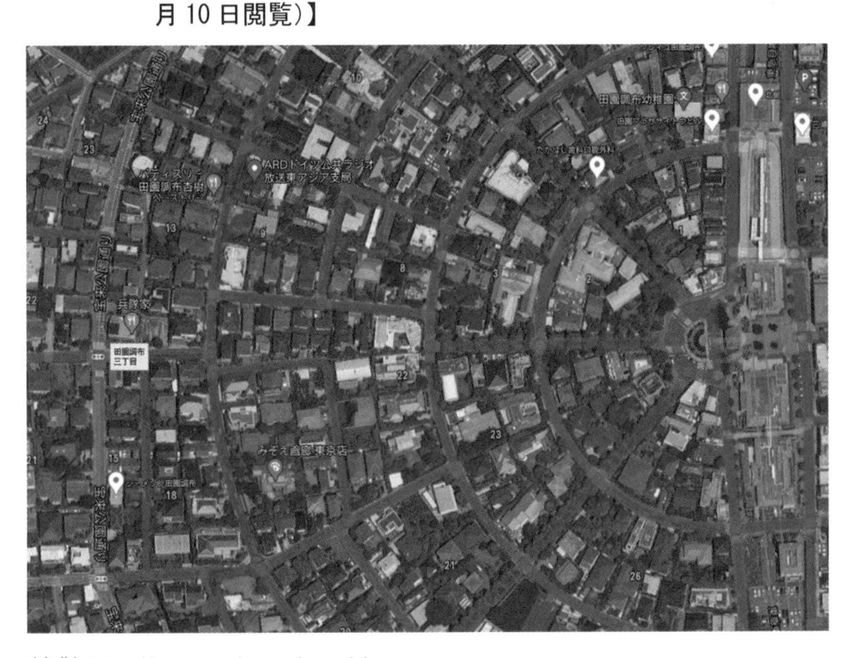


（出典）https://www.google.co.jp/maps/place

ト・フランシス・ウッドである[28]。このような状況になった背景には東京の急速な人口増大に対して、郊外に良好な住宅地をつくることは理解できても、職場を分散させ、自立的な都市郡を形成する必要性は、当時の日本人には認識されなかったことがあげられる。

また、急速な近代化を目指していた日本人にとって、すでに社会は成熟期を迎え、生産から生活へ人々の価値観の転機から現れてきたイギリスの近代都市計画の理念は、理解の範囲を超えていたと考えられる。そのため、ハワードが唱えた田園都市のコンセプトは、海外では否曲されて伝わり、田園都市というより住宅地だけを都市郊外に切り離し、働く場所としての大都市と鉄道で連結したもの、つまり田園郊外と呼ぶべきものになってしまったのである。

田園調布は、その分譲に先立って、1923年3月に目黒蒲田電鉄の目蒲線、目黒～丸子（のちの沼部駅）間が開通し、調布駅が開業した。そして同年8月に「田園都市多摩川台」の名称で、現在の田園調布の地の分譲を開始された。関東大震災のわずかひと月足らず前であった。

田園調布の開発当初は、日本の都市に新たに出現した中堅層向けの住宅地であったが、田園調布に居住し、この街の開発を推進した渋沢の子秀雄は、田園調布の西側に半円のエトワール型を取り入れていた。エトワール型とは建築家オスマンによって実施されたパリの都市計画である。エトワール凱旋門から放射状に伸びる道路（アヴェニュー）を造り、アヴェニューには街路樹が植えられた。

田園調布においても、駅西側に広がる扇状に整備された区画一体は、駅前広場から放射線に伸びる街路樹（銀杏並木）が植えられた。そして、道路と公園が一体的に整備され、住戸の庭を広くとり緑地の一部とし、街全体を庭園のようにするなど、良好な住宅環境であったことから、田園調布の評価は次第に高まった。また国分寺崖線の良好な地盤の上にあることから、関東大震災後に都心から多くの人が移住し、関東大震災後から都心で被災した富裕層が次々に移り住むようになった。

しかしながら、田園調布の街をみると、エトワール型の街路樹を植えられた道路が造られ、広場と公園を整備し、庭を広くとり緑地の一部とし、街全体を庭園のようにするなど、良好な住宅環境であったことから次第に評価が高まった。駅前広場に接して公共施設が配されていることや、この広場から四方に並木道が放射し、それに面して住宅が立ち並ぶというハワードの田園都市の要素が構築されていると考えられる（図表８）。

また、日本型田園都市の実現において、イギリスとの気候風土、社会状況矛盾に悩む渋沢にとって、田園都市建設へと突き動かしたのは、東京市都心部において木造家屋の密集地を一挙に壊滅させた災害であった。1923年に発生した関東大震災による首都壊滅により、都市の防災面からも郊外への住宅の展開は喫緊の課題になったことが考えられる。

関東大震災で大きな被害をもたらしたのは、地震による家屋の崩壊もさることながら、大火災によって多くの人命が奪われた。環状に都市を囲む並木道は、都市延焼の防波堤になることが期待できる。

## 4　結び

東急が実現した日本型田園都市構想は、渋沢の自然と安全に対する都市生活の要求が基盤になっていたが、イギリスと日本の風土の違いや社会状況の違いでハワードの田園都市理論をそのまま導入することはできなかった。

東急では、過去の誤解を踏まえた上で、日本の現状、土地制度、風土、文化、技術など様々な点を考慮し、都市と郊外の一体的整備、運営がなされるような日本型田園都市形成を進められた。そのためキーワードになったのは、緑に囲まれたまちづくり、すなわち、グリーンインフラである。

グリーンインフラとは、自然が有する多様な機能や仕組みを活用したインフラストラクチャーや土地利用計画を指し、日本における国内問題が抱える社会的課題を解決して、持続的な地域を創出する取組みとして期待されている。

東急による沿線のまちづくりは、その発生はハワードの田園都市に理念を求めることができるが、実施された事例はまさに、東京城西エリアの現状、土地制度、風土、文化、技術など様々な点を考慮し、都市と郊外の一体的整備、運営がなされたグリーンインフラによる日本型田園都市形成と考えられる。

## 引用

6　後藤新平研究会（2011）「震災復興後藤新平の 120 日―都市は市民がつくるもの―」藤原書店、p 65

7　エベネザー・ハワード、長素連訳（1968）「明日の田園都市」SD 選書、鹿島出版会

8　齊木崇人（2019）「イギリスの田園都市レッチワースとニューガーデンシティー舞多聞の実験」武庫川女子大学生活美学研究所紀要 29 巻、59-75

9　パトリック・ゲデス（1854 ～ 1932）は、都市計画に地域 ( リージョン ) という概念を導入し、地域調査（リージョナル・サーベイ）運動を展開した。

10　西嶋啓一郎（2011）「都市設計者としての後藤新平が目指した都市像についての研究」2011 年度日本計画行政学会九州支部第 32 回（佐世保）大会の研究報告会要旨集

11　1 国際エーカーは、4046.856㎡なので、160ac ＝ 647496.96㎡≒ 64.74ha となる。

12　F・J・オスボーンは「明日の田園都市」の序論に次のように述べている。「ハワードの発明は、その開発にかかった費用を考えると、金銭的には彼に与えるものが少なかったと私は考える。しかし､発明は彼の生涯の大きな部分であり､ほとんどといってよいが､彼は小さな仕事場をどこかに持っており､その中では､機械学が彼の考えの上に作用していた。これらの思いつきの 1 つに捕らえられると、その営利的見通しについては、友人の忠告をすべて無視して、それを押し通した。この中に彼の性格への 1 つの手がかりがある。エベネザー・ハワード　長素連訳「明日の田園都市」鹿島出版会ＳＤ選書、1968、pp27 参照

13　エリザベス・ハワード夫人は、レッチワースの建設がちょうど始まった 1904 年に死去した。しかし、彼女の補完的な関心と賢明な忠言は、ハワードがその理論を発展させるのにあたり、また彼の著作にたいへん助けとなった。

14　法律的な土地私有権はそのままにし、ただ不労所得である地代を廃することによって、実質的に地主の力を消殺し、地代は租税の形式で、すべてこれを国庫に徴収し、しかもあらゆる公課これで代表させようとするもの。

15　貧困と都市のスラムの問題は、土地の所有権と土地の価値が関係するというのがこの会のテーゼであった。

16　Edward Bellamy(1850~98)、アメリカの作家・改革者。代表作に「顧みれば」（1887)、「平等」（1897）がある。

17　山本政喜訳（1953）「顧みれば」岩波文庫、この本は、当時としては未来である 2000 年のボストンのユートピア社会をえがいたもので、19 世紀後半当時

の勃興するイギリス労働者階級運動を鼓舞するものであった。

18　ハワードが 1898 年の著書 "To-morrow : A Peaceful Path to Real Reform"（1902 年に "Garden Cities of Tomorrow" と改題されて再版）において提示した。日本では、" Garden Cities" を「庭園都市」とするよりも「田園都市」が定訳となっている。

19　後の国際住宅・都市計画協会

20　イギリスの社会主義団体。1884 年にバーナード・ショー、ウェッブ夫妻らが創立。社会福祉の充実による漸進的な社会主義改革を目指した。慎重で漸進的な戦術をとった古代ローマの将軍ファビウスの名にちなんでいる。

21　チョコレート会社の工業都市

22　ランカシャー州にあるポート・サンライトは、サンライト石鹸会社の設立者、ウィリアム・レーヴァーが 1888 年より建設を始めた町。

23　レッチワースはロンドンの北約 55km にある。

24　建築家。

25　家とまちなみ 45（2002）「レッチワース」（青木崇人 1998 年撮影）
https://www.machinami.or.jp/contents/publication/pdf/machinami/machinami045_5.pdf（2021 年 1 月 10 日閲覧）

26　一端が行き止まりの袋路であるが、自動車の方向転換が可能になっている小街路。

27　中庭

28　田園調布は、渋沢栄一らによって、ハワードの理想的な住宅地「田園都市」開発を目的としてつくられた。そのため、渋沢は四男秀雄に 1919 年に欧米を視察させた。秀雄がモデルとして持ち帰ったのは、レッチワースではなく、アメリカ・サンフランシスコの郊外、セント・フランシス・ウッドやパリの凱旋門のエトワール型道路（放射状道路）であった。

# 第2章

# 東急株式会社の歴史

**【要旨】**

渋沢栄一がハワードの田園都市理論を下敷きに建設した日本型田園都市は、郊外住宅地に鉄道を敷設し、鉄道で会社まで通勤するというアイデアから始まった。渋沢が設立した田園都市株式会社は鉄道部門を設立し、この鉄道部門が現在の東急の源流となるのである。

本章では、東急株式会社の歴史を、設立から現在に至るまで6つの時期に分けてみていく。

現在、2019年に東京急行電鉄は、商号を東急に変更した。これまで東急が主業にしてきた鉄軌道事業は、分社化して東急電鉄に引き継がれた。鉄道事業会社としての東急は、渋谷をターミナルに、東京南西部や神奈川県にかけて路線網を有する。東京の大手私鉄の中で、東急の路線規模は決して大きくないが、鉄道と連携した不動産事業は順調に業績を伸ばしてきた。拠点の渋谷のみならず、東急は東京をはじめとする日本型田園都市開発の主要プレイヤーになっている。

渋沢が始めた田園都市株式会社を引き継いだ東急は、鉄道事業から沿線開発進めて、日本型田園都市を目指したまちづくりを行い、更に現在は総合生活産業へと脱皮しつつある。

## 1　はじめに

日本の鉄道事業には様々な形態や要素がある。とりわけ大きな特徴として、大手私鉄の役割が大きいことが挙げられる。私鉄は日本に鉄道が導入されて間もないころから、日本全国の鉄道ネットワークの構築に重要な役割を果たしてきた。その後、国有化や戦時統合などの紆余曲折を経て、現在も多くの私鉄が存在し、社会にとってなくてはならない交通サービスを提供している。そのため、私鉄各社は様々な歴史・現状・将来像を有しており、経営多角化の状況も多様であると考えられる。

私鉄の経営戦略における初期には、鉄道路線網拡張や輸送力強化といった拡大化戦略、ついで事業の多角化戦略がとられた。現代の鉄道会社では、鉄道沿線における不動産事業、駅売店や車内及び沿線における小売事業、郊外におけるテーマパークや演芸・スポーツ施設とその興業、鉄道ネットワークを補完するバス・タクシー事業など、様々な周辺事業を営んでいる。こういった経営多角化は、特に大手私鉄において古くから展開され、今日まで続くビジネスモデルとして確立されたものである。

また、近年では少子・高齢化の進展による人口減少社会を迎え、消費者ニーズの多様化・高度化、といった社会・経済環境の激変により鉄道業の役割はかつてないほど複雑化してきている。鉄道を中心としながら様々な多角化事業を経営することによって、「総合生活産業」へと変化してきているといえよう。

したがって、大手私鉄の経営戦略を考える場合、鉄道事業だけではなく、鉄道事業に関連する事業展開やグループ形成まで範囲を拡大して考察することが必要である。そして、私鉄の事業展開において、重要な要素としてなるのは駅を起点とした周辺のまちづくりである。

渋沢は、ハワードが描いてレッチワースに実現した田園都市という郊外住宅地開発の夢を、イギリスと日本との社会情勢の違いから一度は挫折しかけた。しかし、渋沢の夢に拍車をかけたのは関東大震災であったことは前章で述べた。渋沢が行き詰った末に出てきたのが、郊外住宅地に鉄道を敷設し、鉄道で会社まで通勤するというアイデアだった。こうして、田園都市株式会社は鉄道部門を設立した。この鉄道部門が東急の源流となるのである。

田園都市株式会社による日本型田園都市建設事業は、子会社の目黒蒲田電鉄株式会社とその姉妹会社の東京急行電鉄に引き継がれることになる。そして、東京急行電鉄に社名変更された鉄道部門は、第二次世界大戦時の大東急時代を経て、様々な業務部門を従える東急株式会社へと発展していくことになる。

本章では、東急株式会社の歴史を、設立から現在に至るまで6つの時期に分けてみていく。以下に各時期におけるトピックスをまとめる。

## 2　私鉄における関西型と関東型の2分類化

私鉄グループの事業戦略の研究では中西の研究がある（中西 1979）[29]。

中西は、その生成期の状況から「関西型」と「関東型」の2類型を行っている[30]。そして、「関西型」の私鉄の経営戦略の特徴として、主にレジャーなどの消費性交通需要を基盤に成立し、鉄道の敷設とその沿線開発を媒介に郊外化が進んだとこと、「関東型」は郊外化を前提としてその趨勢に促されたとしている。

中西は「関西型」の典型例として、阪急電鉄株式会社（1907年に設立された箕面有馬電気軌道株式会社）を、「関東型」の典型例として東急電鉄（1918年に設立された田園都市株式）を挙げている。

**【図表9　関西圏・関東圏の主な私鉄の営業開始年】**

| | 会社名 | 創業社名 | 途中経過社名 | 設立年 | 営業開始年 |
|---|---|---|---|---|---|
| 関西圏私鉄 | 南海電気鉄道 | 大阪堺間鉄道 | 南海鉄道 | 1884（明治17年） | 1885 |
| | 阪神電気鉄道 | 摂津電気鉄道 | 阪神国道電軌 | 1899（明治32年） | 1905 |
| | 京阪電気鉄道 | 畿内電気鉄道 | 京阪神急行電鉄 | 1903（明治36年） | 1910 |
| | 阪急電鉄 | 箕面有馬電気軌道 | 阪神急行電鉄 | 1907（明治40年） | 1910 |
| | 近畿日本鉄道 | 奈良軌道 | 大阪電気軌道 | 1910（明治43年） | 1914 |
| 関東圏私鉄 | 西武鉄道 | 武蔵野鉄道 | 西武農業鉄道 | 1912（明治45年） | 1915 |
| | | 川越鉄道 | 川越電気鉄道 | 1892（明治25年） | 1894 |
| | 京浜急行電鉄 | 大師電気鉄道 | 京浜電気鉄道 | 1898（明治31年） | 1899 |
| | 東武鉄道 | 東武鉄道 | 東武鉄道 | 1897（明治30年） | 1899 |
| | 京成電鉄 | 京成電気軌道 | 成田電気軌道 | 1909（明治42年） | 1912 |
| | 京王電鉄 | 日本電気鉄道 | 京王電気軌道 | 1905（明治38年） | 1913 |
| | 相模鉄道 | 相模鉄道 | 相模鉄道 | 1917（大正6年） | 1921 |
| | 東急 | 田園都市 | 東京急行電鉄 | 1918（大正7年） | 1923 |
| | 小田急電鉄 | 小田原急行鉄道 | 小田急電鉄 | 1923（大正12年） | 1927 |

（出典）著者作成

渋沢によって設立された田園都市株式会社は、小林一三[31]が設立した箕面有馬電気軌道株式会社に遅れること11年であったことにおいても、関西圏の私鉄のほうがいち早く発展したと言える。

図表9は、関西圏と関東圏の大手私鉄グループの設立と事業開始年を示したものである。関西圏の5社はすべて明治期に設立されている。関東圏も川越電気鉄道、京浜電気鉄道、東武鉄道、成田電気軌道、京王電気軌道は明治期の設立であるが、いずれも郊外の路線である。現在の東京副都心である新宿、渋谷に主要な路線を持つ東急、小田急は少し遅れた開設になっていることがわかる（図表9参照）。

図表10は、1912年及び1928年の関西圏、関東圏における私鉄の状況をまとめたものである。図表10において、1912年の営業路線、乗客数、運賃収入をみても関西圏のほうが関東圏より先に私鉄が発展したことがわかる。

**【図表10　大阪・東京圏における私鉄の発展】**

| 都市圏 | | 営業路線（km） | 乗客数（百万人） | 運賃収入（百万円） | キロ当たりの乗客数（千） | 1人当たりの収入（円） |
|---|---|---|---|---|---|---|
| 関西圏 | 1928（昭和3年） | 600 | 320 | 38.2 | 533 | 0.119 |
| | 1912（明治45年） | 231 | 51.6 | 4.3 | 224 | 0.083 |
| 関東圏 | 1928（昭和3年） | 750 | 241 | 21.2 | 322 | 0.088 |
| | 1912（明治45年） | 47 | 11.4 | 0.8 | 243 | 0.074 |

（出典）廣岡治哉編（1987）「近代日本交通史」、中西健一『大都市地域の形成と民営鉄道』法政大学出版会、p 163表を基に著者作成

また、1912年のキロ当たりの乗客数は、関西圏、関東圏大差ないことから、両方とも鉄道事業を開設することにおいて、ある程度の乗客数見込みが行われていたと考えられる。1928年には関東圏の営業路線は16倍になり、キロ当たりの乗客数は1.3倍になっている。

これは、この時期の関東圏において郊外化が進んだことが考えられる。関西圏では、キロ当たりの乗客数が1912年の2.4倍になっていることから、関西圏の私鉄沿線人口は関東圏より早く集積したことがわかる。これは、関

西圏では大阪市、神戸市、京都市という３都市のそれぞれの圏域の一体化によるものと考えられる。

大手私鉄の事業展開における類型を専業型、本業型、関連型、非関連型の５つの基本類型に分類した吉田の研究がある[32]。吉田の分析では、大手私鉄で専業型に分類された会社はなく、非関連型は市場、技術関連がない分野に進出している会社としている。

**【図表 11　大手私鉄の事業展開における基本類型】**

| 本業型 | 垂直型 | 関連型 | 非関連型 |
|---|---|---|---|
| 鉄道事業 | 鉄道へのフィーダーサ ービスを担当すると位置づけてバス・タクシー事業 | 市場関連の事業として不動産事業 | その他事業 |

（出典）著者作成

吉田は、関西圏の私鉄５社では、南海が垂直型、近鉄と京阪を本業型、阪神と阪急を関連型に類型化している。そして、非関連型として関東圏の東急を類型化している。これは東急の設立の目的が田園都市の創造であったことを思い返せば納得できるものである。

東急の発展については次節以降で時期を区切って詳しくのべる。その発展時期について、胎動編（1918 ～ 1929)、戦時下において設立された大東急時代（1942 ～ 1948)、飛躍編（1944 ～ 1959)、発展編（1959 ～ 1969)、成熟編（1972 ～ 2003)、次世代編（2004 ～ 2015）の６つの時期に分けた発展が考えられる。そして、東急の一貫した経営戦略は沿線に暮らす人の「ライフ」の充実である。

ハワードが活躍した時代、ハワードより 30 年年長者にジョン・ラスキンという思想家がいた。ラスキンは、芸術と経済学の分野で抜きんでた業績を誇るが、どちらの分野においてもラスキンの思想の根底にあるは、人間の「生（ライフ)」であった。

ラスキンは、当時のイギリスで制度化しつつあった資本主義経済の理論を批判して、「No Wealth but Life（生をおいて富は存在しない)」という言葉を残した（ジョン・ラスキン「ムネラ・プルヴェリス」1872)。

【図表12　鉄道事業に直接関連しない東急の主な関連会社】

| | | | | |
|---|---|---|---|---|
| 東京建設　工業 | 1946 | 東急建設 | 建設業 | 1954年東急不動産と合併、東急不動産建設工業部となる<br>1959年東急不動産から分離し東急建設を設立 |
| 世紀建設　工業 | 1950 | 世紀東急工業 | 建設業 | 1962年世紀建設に社名変更<br>1967年東急建設から分社した東急道路が設立<br>1982年世紀建設と東急道路が合併し世紀東急工業に社名変更 |
| 東急グリーンシステム | 1955 | | 造園業 | |
| 東急ハンズ | 1976 | | 小売業 | 1976年1号店藤沢店<br>1977年2号店二子玉川店<br>1978年旗艦店渋谷店 |
| 東急エージェンシー | 1961 | | 広告代理店 | |

（出典）著者作成

東急は鉄道事業から沿線開発進めて、田園都市を目指したまちづくりを行い、更に現在は総合生活産業へと脱皮しつつあると考えられる。

## 3　渋沢栄一が目指した日本型田園都市

東急株式会社の歴史は、田園都市株式会社の設立から始まる。田園都市株式会社は、前章で考察したハワードによる理想的な住宅地「田園都市」理論を基に、1918年に渋沢らによって立ち上げられた。この会社が現在の東京急行電鉄・東急不動産の始祖に当たる。

田園都市株式会社は、1922年に目黒区、品川区にまたがる洗足田園都市（現在の洗足地域）、翌年大田区、世田谷区にまたがる多摩川台地区（現在の田園調布、玉川田園調布）の分譲を開始し、またその地の足の便の確保のため子会社により鉄道事業を営んだ。

設立者の渋沢が想い描いたのは、日本らしい田園都市であった。当時は、東京市[33]が拡がりを加速させた時代であった。東急では会社設立の背景を次のように説明している[34]。

「自然と安全に対する都市生活者の欲求が今日の田園調布という街を生み出しました。渋沢らは緑豊かな住宅都市の建設をめざして田園都市株式会社を設立。人は到底自然なくして生活できるものではない。故渋沢栄一の残した言葉には当社の出発点ともいえる街づくりへの想いが込められています」

田園都市株式会社が1923年8月に第2回分譲を開始した翌月の1日に関東大震災が発生した。大火災を伴うこの地震の被害は人口の密集していた京浜地方に集中し、当時木造建築の多かった東京、横浜の両都市は3日間燃え続けた。一方で、洗足を中心とする田園都市に建てられた住宅には1軒も被害がなく、それを知った人々の間に郊外移転の風潮が生まれることになった。社会的な存在感を急速に高めた田園都市建設が近隣に与えた影響は大きく、隣接する奥沢地区はもちろん、玉川全円耕地整理組合の結成にまで波及し、現在の世田谷区への発展へとつながっていった。

1928年、田園都市の開発業務は、子会社である目黒蒲田電鉄に継承される。会社合併により田園都市株式会社の事業を継承した目黒蒲田電鉄は、その後も田園都市づくりを継続し、上野毛、奥沢、等々力、大岡山などの分譲を経て、姉妹会社の東京横浜電鉄と共同で、各地で宅地造成を行った。事業を受け継いだ目黒蒲田電鉄は、姉妹会社の東京横浜電鉄とともに鉄道沿線のまちづくりを進めていくことになる（図表13参照）。

**【図表13　東急（株）社名の変遷（設立から大合併まで）】**

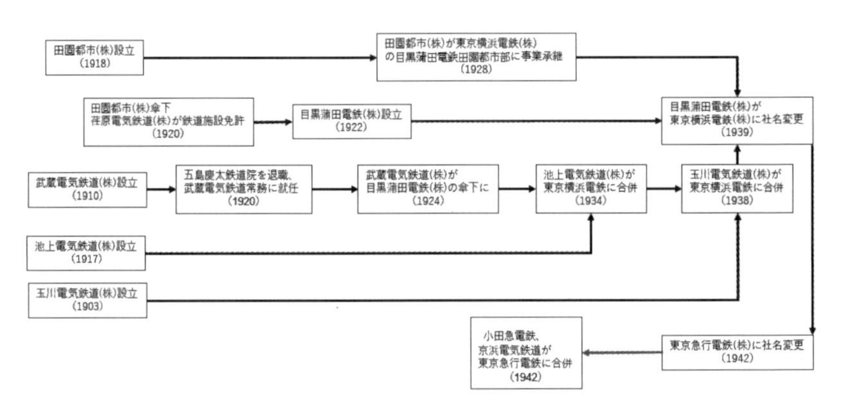


## 4　東急の発展

### 胎動編（1918 ～ 1929）

この時期は、東急株式会社の前身の田園都市株式会社設立から、関東大震

## 【図表 14　東急の胎動】

| 年 | | 事項 |
|---|---|---|
| 胎動編 | 1916 | 渋沢栄一が理想的住宅地を構想。都市の過密を憂いた渋沢が東京市の郊外に理想的住宅地の建設を構想。 |
| | 1918 | 田園都市株式会社設立。宅地造成に加え鉄道などの都市インフラも同時に整備していく計画が始まる。 |
| | 1922 | 鉄道院出身の五島慶太を事業推進の責任者に抜擢。五島慶太は、東京急行電鉄の母体となる目黒蒲田電鉄の専務に就任し、東京急行電鉄の事実上の創業者となる。 |
| | | 洗足田園都市分譲開始。第1期として353区画が分譲された。この地域は後に27.9ha、547区画の分譲地を形成していくことになる。 |
| | 1923 | 8月から多摩川台地区分譲開始。後の田園調布となる多摩川台地区の分譲が開始され、美しい景観を維持し続けるために景観形成における紳士協定が示された。 |
| | | 9月、関東大震災発生。人口が密集する京浜地区では壊滅的な被害となる。しかし、洗足などの田園都市は、ほとんど被害を受けなかったために、災害を機に人気が高まった。 |
| | | 11月、目蒲線全通。震災を乗り越え、目黒～蒲田間が開通。住宅地建設を軸に交通基盤を整備していく会社のまちづくりモデルが確立された。 |
| | 1929 | 慶応義塾大学予科を日吉台に誘致。震災で被災した慶応義塾大学に対し日吉台の土地約240,000m²を無償で譲渡。これを機に東横線沿線が学園都市の趣を備える。 |

（出典）東急株式会社 H.P.「街づくりとすまい」を基に著者作成

https://www.109sumai.com/housing-club/

災を乗り越えて鉄道事業が胎動する時期である（図表 14 参照）。1928 年、田園都市の開発業務は、子会社である目黒蒲田電鉄に継承された。事業を受け継いだ目黒蒲田電鉄は、姉妹会社の東京横浜電鉄とともに東横線沿線の街づくりを進めていった。

会社合併により田園都市株式会社の事業を継承した目黒蒲田電鉄は、その後も街づくりを継続いった。上野毛、奥沢、等々力、大岡山などの分譲を経て姉妹会社の東京横浜電鉄と共同で、各地で宅地造成を行った。1928 年は元号が昭和に代わり 3 年目で大学などの新設移転により東京のまちづくりが進んでいった時代である。

目黒蒲田電鉄、東京横浜電鉄沿線においても、1929 年に慶応義塾大学予科が日吉台へ、1931 年に日本医科大学予科が新丸子へ移転することが決定した。大学誘致とともに街づくりが進められ東横線沿線は次第に学園都市としての趣を感じさせるようになった。そしてこうした街づくりのノウハウはやがて半世紀以上の歳月をかけて取り組むことになる東急多摩田園都市の建設に結実してゆくことになる。

田園都市株式会社が開発した田園調布は、すぐに私鉄の住宅地開発の模範とされた。私鉄沿線では、田園調布を模した街が次々とつくられていく。田園調布の影響を強く受けたのが、東武東上線のときわ台駅前から広がる常盤台住宅地だった。

東京都板橋区の常盤台は、そのスケールもブランドも田園調布とは異なる。しかし、地図を広げると田園調布にそっくりな円形状の街路が広がり、一区画は広々としている。一区画が細分化されていないので、ゆったりと住環境が保たれている。

常盤台の設計思想は、田園調布を模倣していると考えられる。また、家々には緑が生い茂っていることや道路中央部に木が植えられたプロムナード、道路末端が袋状になっているクルドサックといった点も街全体に田園調布との類似感を加える。

1900年代初め（大正末から昭和初期）に、小田急も林間都市を計画した。小田急は江ノ島線に東林間都市駅、中央林間都市駅、南林間都市駅という3駅を開設した。特に、南林間都市駅は小田急創業者の利光鶴松 が情熱を注いだ林間都市の中心を担う駅だった。

当時としては東京からあまりにも遠すぎたこともあり、小田急の林間都市は住宅地として忌避された。そのため、林間都市計画は未完に終わる。そして、小田急は3駅の駅名から「都市」をはずした。現在、林間都市計画の遺構はほとんど残っていないが、南林間駅西口から放射状に伸びる街路が林間都市の面影をわずかに伝える。

### 戦時下において設立された大東急時代（1942～1948）

第二次世界大戦中の東京急行電鉄は、1942年は陸上交通事業調整法の趣旨に基づき、同じ五島慶太が経営していた小田急電鉄および京浜電気鉄道を合併した。さらに、1944年には京王電気軌道を合併した。また1945年には子会社で経営基盤が脆弱であった相模鉄道の経営を受託した。

その営業範囲は東京急行電鉄の元々のテリトリーであった東京市南西部および川崎・横浜に加え、八王子や町田・府中など東京多摩地域の中央本線より南側や、小田原・横須賀など神奈川県の大部分に及ぶものとなった。大東

**【図表 15　東京急行電鉄路線図（1945）】**

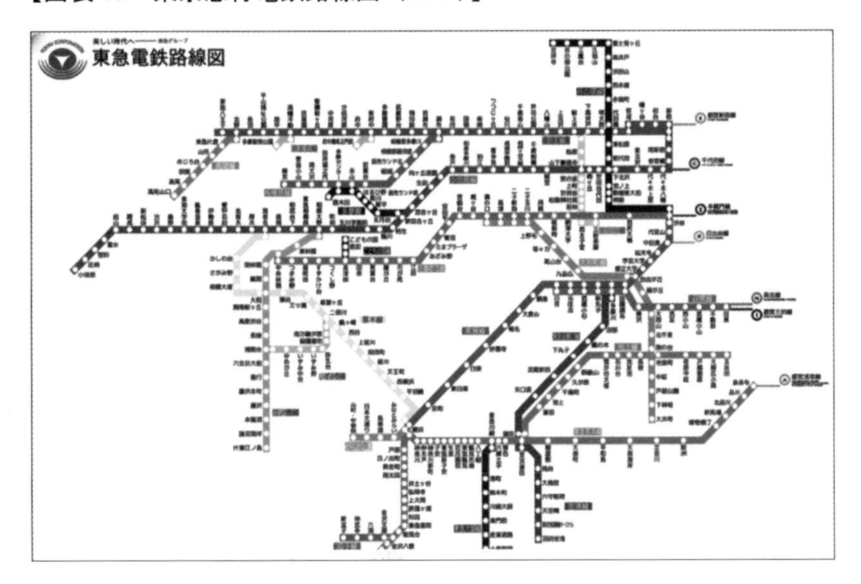


（出典）ピクシブ百科事典「大東急」図より転載。

https://dic.pixiv.net/a/%E5%A4%A7%E6%9D%B1%E6%80%A5

急時代の鉄道路線は、現在の東急電鉄のものに加え、京王電鉄・小田急電鉄・京浜急行電鉄・相模鉄道に該当する（図表 15 参照）。

また大東急には、東京都南西部と多摩南部・神奈川県全域・静岡県中部および群馬県草津、長野県軽井沢地区の私鉄も加わった。江ノ島電気鉄道、箱根登山鉄道、静岡鉄道、大山鋼索鉄道、草軽電気鉄道などである。

戦後、私的独占の禁止及び公正取引の確保に関する法律（独占禁止法）および過度経済力集中排除法が公布されたが、鉄道事業者である大東急は適用対象外となった。

しかし、旧小田急電鉄従業員を中心とした分離独立を求める動きが、旧小田急のみならず旧京王、旧京浜でも高まり、企業分割を巡り社内が混乱した。さらに大東急の路線は私鉄の中でとりわけ空襲による被害が大きく、これをすべて復旧する資金を一企業が調達するのには限界があった。

**【図表 16　東急株式会社の歴史（1942 ～ 1948）】**

| 年 | | 事項 |
|---|---|---|
| 大東急編 | 1942 | 東京急行電鉄が小田急電鉄および京浜電気鉄道を合併。三社合併が成立して「大東急」が誕生。 |
| | 1944 | 東京急行電鉄が京王電気軌道を合併。 |
| | | 五島慶太が運輸通信大臣に就任。戦時下の国策、国益を重視した五島は、城西南の私鉄を傘下に収めた大東急を築いた。 |
| | 1945 | 東京急行電鉄が相模鉄道の経営を受託。 |
| | 1948 | 京王・小田急・京急の3社が分離独立。 |

（出典）東急株式会社 H.P.「街づくりとすまい」を基に著者作成

https://www.109sumai.com/housing-club/

結局、公職追放を受けていた五島慶太は、会社を分けることで東急各線の復旧が早まると判断し、この意を受けた大川博（当時専務）の案により会社は再編成され、1948 年 6 月 1 日、京王・小田急・京急の 3 社が分離独立し、ほぼ 1939 年（昭和 14 年）当時の東京横浜電鉄の路線のみが東急の路線として残り、現在の形となった（図表 17 参照）。

**【図表 17　東急（株）社名の変遷（合併から現代）】**

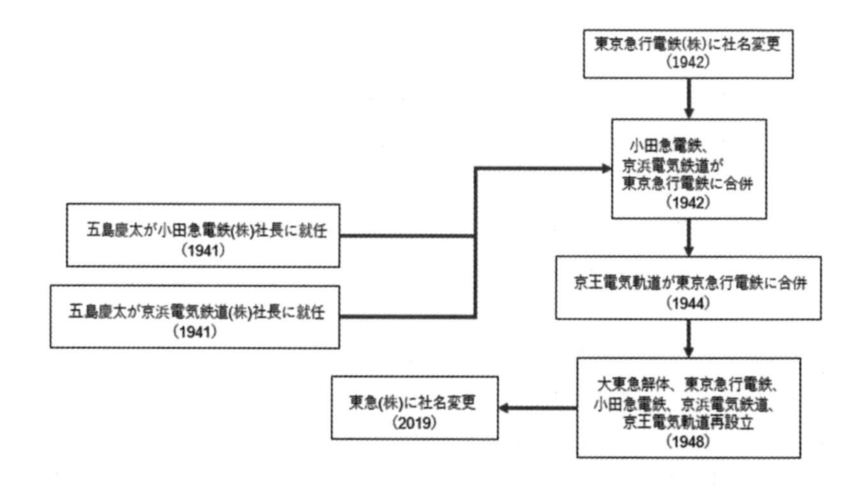


（出典）著者作成

**飛躍編（1944 ～ 1959）**

田園都市株式会社が開発した住宅地、たとえば洗足や田園調布などは、開発当初は渋沢が思い描いていた庶民、すなわち中産階級の邸宅地であった（図表 18 参照、現在の田園調布は高級住宅街の代名詞的な存在になっている）。

**【図表 18　田園調布空撮（1932）】**

（出典）東急株式会社 H.P.「街づくりとすまい」https://www.109sumai.com/housing-club/

渋沢が最後の事業に位置付けた郊外住宅地の開発という夢は、田園調布の開発をメドに終止符が打たれることになる。一定の役割を終えた田園都市株式会社は、1928 年に鉄道部門に過ぎなかった目黒蒲田電鉄（現東急電鉄）に統合された。以降、東急は鉄道会社として歩み始める。

しかし、鉄道会社は単に人を運ぶ移動手段として機能したわけではなかった。住宅地造成に鉄道が必要だったように、鉄道の利用者を生み出すために住宅地造成は欠かせない。沿線を開発しなければ、鉄道の利用者を増やすことができないからだ。

鉄道事業者になった東急は、1953 年に再び不動産部門を担う東急不動産を設立した。1959 年には、建設部門である東急建設も分離発足した。これら 2 社が中心になって、東急沿線の郊外開発は進められた。図表 19 に東急グループの会社における関連会社の事業内容を示す。

その後の東急電鉄グループの鉄道沿線開発にも渋沢の目指した田園都市構想は引き継がれることになる。他の大手私鉄各社が鉄道施設と沿線の不動産開発を行うことで、沿線の不動産含み資産を増やす経営戦略を展開したのと同様に、東急電鉄グループも沿線のまちづくりを進めることになるのだが、まちづくりのコンセプトに「田園都市」という明確な目標を描いたのは東急の他社にない特徴と考えられる。

## 【図表 19　東急グループ会社】

| 会社名 | 設立 | 現社名 | 業務内容 | 備考 |
|---|---|---|---|---|
| 東急バス | 1991 | | バス事業 | 1929年東京横浜電鉄、神奈川自動車より東神奈川～川和、六角橋～綱島を譲受しバス事業開業 |
| 東横車輛工事 | 1940 | 東急テクノシステム | 建築物保守輸送用機器 | 東京横浜電鉄から修理改造を請け負うことを目的に設立<br>鉄道施設や駅ビル、商業施設などの電気工事<br>1954年東横車両工業に社名変更<br>2008年に東急テクノシステムに社名変更 |
| 東京建設工業 | 1946 | 東急建設 | 建設業 | 1954年東急不動産と合併、東急不動産建設工業部となる<br>1959年東急不動産から分離し東急建設を設立 |
| 世紀建設工業 | 1950 | 世紀東急工業 | 建設業 | 1962年世紀建設に社名変更<br>1967年東急建設から分社した東急道路が設立<br>1982年世紀建設と東急道路が合併し世紀東急工業に社名変更 |
| 東急グリーンシステム | 1955 | | 造園業 | |
| 石勝エクステリア | 1972 | | 造園業 | |
| 東横百貨店 | 1948 | 東急百貨店 | 百貨店 | 1934年東京横浜電鉄が渋谷に東横百貨店を開業<br>2020年3月東急百貨店東横店閉館 |
| 東横興業 | 1956 | 東急ストア | スーパーマーケット | 東横百貨店の全額出資で設立<br>1957年東光ストアに社名変更<br>1975年東急ストアに社名変更 |
| 弘潤運輸 | 1967 | 東急ステーショナリーサービス | 駅構内売店 | 1975年東弘商事運輸に社名変更<br>1978年東弘商事に社名変更<br>2003年東急ステーショナリーサービスに社名変更 |
| ファッションコミュニティ109 | 2017 | SHIBUYA109エンタテイメント | 施設・店舗の運営 | 1979年ティー・エム・ディーがファッションコミュニティ109を開業<br>1989年SHIBUYA109に名称変更 |
| クレジット・イチマルキュウ | 1983 | 東急カード | クレジットカード | 1990年東急カードに社名変更 |
| 東急不動産 | 1953 | 東急不動産ホールディングス | 不動産 | |
| 東急コミュニティ | 1970 | | 不動産管理 | |
| 東急リバブル | 1972 | | 不動産 | 東急不動産100%子会社として(株)エリアサービス設立<br>1988年東急リバブルに社名変更 |
| 東急管財 | 1956 | 東急セキュリティ | 不動産 | |
| 渋谷交通 | 1961 | | タクシー | 1964年渋谷サービスに社名変更<br>1967年東急サービスに社名変更<br>2002年東急管財を吸収合併し東急ファシリティサービスに社名変更 |
| 東急セキュリティ | 2004 | | セキュリティサービス | |
| ティー・エム・ディー | 1978 | 東急モールズデベロップメント | 不動産 | 東急系の商業施設を運営<br>2004年東急商業開発に社名変更<br>2006年東急モールズデベロップメントに社名変更 |
| 東急ホテルチェーン | 1968 | 東急ホテルズ | ホテル | 1960年銀座東急ホテル開業<br>1973年京都東急イン開業 |
| 東急ステイ | 1985 | | ホテル | 東急不動産の子会社 |
| 東急ハンズ | 1976 | | 小売業 | 1976年1号店藤沢店<br>1977年2号店二子玉川店<br>1978年旗艦店渋谷店 |
| 東急エージェンシー | 1961 | | 広告代理店 | |

（出典）著者作成

渋沢亡き後、その遺志を継承したのは東京急行電鉄の総帥・五島慶太であった。五島慶太は、田園都市株式会社の鉄道部門で責任者を務めることで、渋沢の傍らで住宅地開発を仔細に学んでいたことになる。

戦後、五島慶太は高まる住宅需要を見逃さず、1953 年に城西南地区開発構想を発表した。これが、後に多摩田園都市と呼ばれるニュータウン構想へと成長する。

東京急行電鉄が開発を主導した多摩田園都市は、東京都が開発を主導した多摩ニュータウン、横浜市が開発を主導した港北ニュータウンと隣接している。そのために多摩ニュータウンの範囲を厳密に線引きすることは難しいが、多摩田園都市は、川崎、横浜、町田、大和の 4 市にまたがる東京西南部の多摩丘陵の一部エリアで、都心から 15 ～ 35km の位置にあり、開発総面積は約 5,000ha、人口は約 62 万人（2017 年 3 月 31 日時点）と、民間主体の街づくりとしては、国内最大規模を誇っている。

**【図表 20　東急株式会社の歴史（1944 ～ 1959）】**

| 年 | | 事項 |
|---|---|---|
| 飛躍編 | 1945 | 第二次世界大戦終結。東京は焦土と化したため、住宅の供給が喫緊の課題となった。 |
| | 1948 | 五島慶太が公職追放。 |
| | 1952 | 五島慶太が東京急行電鉄の会長に就任。 |
| | 1953 | 東京城西南地区開発趣意書発表。東京の過密化を憂いた五島慶太が多摩丘陵に第二の東京を創るという構想を発表。 |
| | 1954 | 五島慶太の長男昇が東京急行電鉄の社長に就任。 |
| | | 東急文化会館開業。渋谷に銀座以上のカルチャーをという五島慶太の悲願が形になる。これ以降、会社は文化的なまちづくりを積極的に進めることになる。 |
| | 1956 | 6月、城西南地区都市計画を多摩川西南新都市計画と改称。 |
| | | 7月、多摩川西南新都市計画マスタープラン発表。 |
| | 1959 | 野川第一土地区画整理組合設立許可。この許可を皮切りに、東急多摩田園都市の開発がスタート。野川第一地区がそのモデル地区となった。2003年6月閉館。 |

（出典）東急株式会社 H.P.「街づくりとすまい」を基に著者作成

https://www.109sumai.com/housing-club/

元々多摩田園都市開発事業は、田園調布・洗足などの高級住宅地開発のノウハウを引き継ぎ、1953 年に五島慶太が東京の人口過密を予測して優良な住宅地の供給を目指した「城西南地区開発趣意書」が起点となっている。

2006 年 3 月の犬蔵地区（川崎市宮前区）の土地区画整理事業の完了によ

って、開発は1つの区切りを迎えたが、引き続き松の久保地区（大和市）の開発をはじめ、多摩田園都市をより住みよい街、そして生活しやすい街にするための取り組みが進めている。

多摩田園都市では、まちづくりの姿勢が評価されて、1988年には建築の分野では最高の賞といわれる「日本建築学会賞」を、また1989年には民間で初となる第9回「緑の都市賞〜内閣総理大臣賞〜」を受賞した。さらに、2001年には「都市緑化功労者国土交通大臣表彰」を、2003年には「日本都市計画学会賞・石川賞」を受賞している。

**【図表21　多摩田園都市図】**

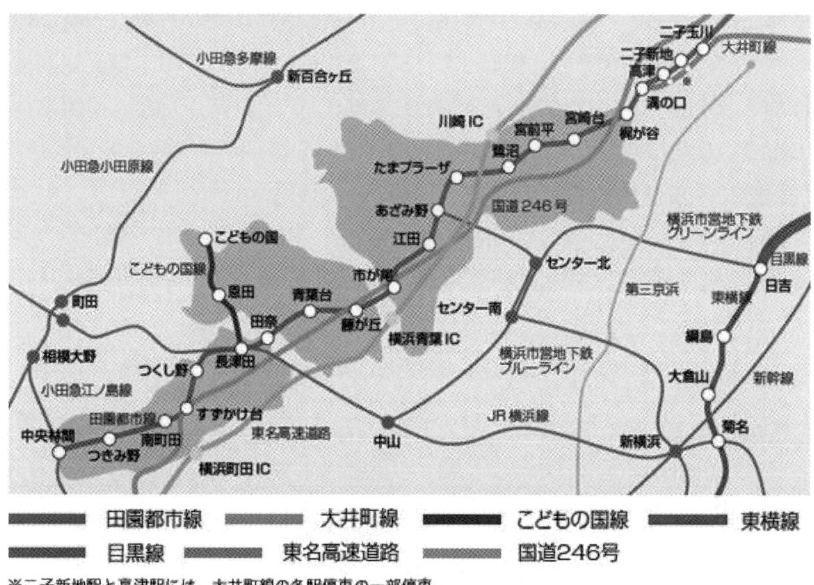


（出典）東急H.P.「東急多摩田園都市開発の歴史」図より転載

https://www.tokyu.co.jp/company/business/urban_development/denentoshi/

## 発展編（1959〜1969）

五島慶太の後を受けた五島昇は、傘下の自動車メーカー東急くろがね工業（旧日本内燃機製造、現日産工機）を日産自動車に全株譲渡しグループから離脱させるなど、拡大した東急グループを再編し、本業である鉄道業・運輸業と関連性の高い事業に「選択と集中」を行った。

一方で、本業である鉄道経営については伊豆急行の建設や田園都市線の延伸といった鉄道敷設を行うほか、沿線のリゾートや宅地開発に関しては父慶太が立案した通りに忠実にやり遂げた。

本業の鉄道業では、多摩田園都市住民の足を担わせるために田園都市線を敷設した。1966 年、田園都市線は長津田駅まで延伸開業。その後も小刻みに区間を延伸させて、現在の終着駅・中央林間駅は 1984 年に開業した。開発が始まった頃、多摩田園都市の居住人口は約 5 万。現在は 60 万人を超える。東京急行電鉄の力なくして、多摩田園都市の成長と発展はなかった。

五島昇は、グループ経営の方向性に合わせ、航空事業（日本国内航空→東亜国内航空（後の日本エアシステム、現日本航空））やホテル事業、リゾート開発等の拡大を図った。東急グループの国内のホテル事業は、1960 年に開店し 2001 年に閉店した銀座東急ホテルから始まる。当初は東京急行電鉄の直営事業だったが、1968 年に子会社「株式会社東急ホテルチェーン」を設立し、シティホテル部門を同社が担うことになる。

一方で、東京急行電鉄本体の別の部署が 1973 年にビジネスホテルチェーン「東急イン」を手がけ、東京急行電鉄の国内のホテル事業は、この 2 種類が長く存在することになった。

**【図表 22　東急株式会社の歴史（1959 ～ 1969)】**

| 年 | | 事項 |
|---|---|---|
| 発展編 | 1959 | 五島慶太没。五島昇が新体制を構築。 |
| | 1960 | 伊東～下田間鉄道施設工事着工。 |
| | 1961 | 伊豆急行開通。伊東～下田間46kmが開通。 |
| | 1963 | 東京ヒルトンホテル開業。文化的な豊かさを求めてヒルトンと東急グループが協力。 |
| | 1964 | 美しが丘分譲開始。「第二の田園調布を」というビジョンでたまプラーザの開発が開始された。 |
| | 1966 | 田園都市線開通。溝の口～長津田間が開通。 |
| | | たまプラーザ駅開業。 |
| | | ペアシティ計画発表。東急多摩田園都市の新たな都市ビジョンが発表された。 |
| | 1967 | 青葉台プラーザビル竣工。駅前広場に面する複合施設として整備された拠点には、低層部に東急多摩田園都市初となる本格的な商業施設青葉台ショッピングセンターが開業した。 |
| | 1969 | 東急ドエル桜台ビレジ竣工。 |

（出典）東急株式会社 H.P.「街づくりとすまい」を基に著者作成

https://www.109sumai.com/housing-club/

### 成熟編（1972 ～ 2003）

1953 年設立された東急不動産株式会社（現東急不動産ホールディングス）は、総合不動産では業界 4 位で、都内に約 100 棟のオフィスビルを所有している。電鉄系不動産会社としては、突出した規模を持ち、田園都市株式会社を引き継ぎ、都心五区[35]（千代田区、中央区、港区、渋谷区、新宿区）での住宅・オフィス・商業施設開発を中心に、都心からリゾート地まで「住宅」「オフィス」「商業施設」「資産活用」「リゾート」「海外」と幅広い事業展開を行っている。

したがって、東急電鉄沿線での開発は、東急本体が中心に行っており、都心開発が中心の東急不動産とは棲み分けがなされている。

この時期は不動産開発が盛んで、都心では SHIBUYA109 の開業（1979）、沿線ではたまプラーザ東急 S.C. 開業（1982）などが相次ぎ、2003 年には東急多摩田園都市 50 周年を迎え、人口 54 万人の都市へと成長したこと。

また、東急の不動産経営戦略は、不動産開発に伴って資産管理、物件流通サービス、セキュリティサービスなどの体制も整えている。住宅物件では、施設管理として東急コミュニティーを 1970 年に、分譲売買におけるエリアサービスとして東急リバブルを 1972 年に設立している（両社とも東急不動産ホールディングスに統合）。商業施設の運営管理では、ティー・エム・ディー（現東急モールズデベロップメント）を 1978 年に設立している。

そして、この時期に目黒蒲田電鉄設立 50 周年を迎えた東京急行電鉄は、多摩田園都市の成長を緑の豊かさと関連づけて東急グリーニング運動を開始した。

駅前広場の緑化や公園のバラ園化、ぶどうの木の植栽・収穫、ワインの醸造など、東急では、約 40 年にわたり苗木を配る運動である東急グリーニング運動を展開してきた。この運動はまた、東急多摩田園都市の成長を緑の豊かさと関連づけて、みどりをきっかけとしたまちづくり、コミュニティーづくりを応援するものである。

東急は、こうした活動や計画的なまちづくりが評価され、1989 年に緑の都市賞・内閣総理大臣賞を受賞した。そして、東急グリーニング運動をさらに発展させて、2012 年度から「みど＊リンク」アクションを始めている。

## 【図表 23　東急株式会社の歴史（1972 ～ 2003）】

| 年 | | 事項 |
|---|---|---|
| 成熟編 | 1972 | 東京急行電鉄創立50周年記念。 |
| | | 東急グリーニング運動開始。東急多摩田園都市の成長を緑の豊かさと関連付けて約40年にわたり苗木を配る運動が続けられた。この運動は1989年に緑の都市賞内閣総理大臣賞を受賞した。 |
| | 1977 | 新玉川線（現田園都市線）開通。東京急行電鉄初の地下鉄で、営団地下鉄（現東京メトロ）半蔵門線と1979年から直通運転開始。 |
| | 1978 | 東急嶮山スポーツガーデン開業。後にあざみ野ガーデンズとして再生。 |
| | 1979 | SHIBUYA109開業。 |
| | 1982 | たまプラーザ東急S.C.開業。百貨店の郊外出店のモデルとなる。 |
| | 1985 | 二子玉川園開業。 |
| | 1987 | 東急ケーブルテレビジョン開局。 |
| | 1989 | 3月、五島昇没。 |
| | | 9月、Bunkamura開業。 |
| | 2000 | グランベリーモール開業。南町田駅前にオープンモール型S.C.開業。都内初のアウトレットモール。 |
| | 2001 | セルリアンタワー東急ホテル開業。 |
| | 2003 | 4月、東急多摩田園都市50周年。人口54万人の都市へと成長。 |

（出典）東急株式会社 H.P.「街づくりとすまい」を基に著者作成

https://www.109sumai.com/housing-club/

### 次世代編（2004 ～ 2015）

21 世紀を迎えた東急は、沿線のまちづくりにおいて更なる安心安全、住まい手、働き手の満足度を向上させるハード、ソフト両面の展開を実施している。2004 年に東急セキュリティを設立して沿線の暮らし安心安全をサポートしている。2009 年には、住まいと暮らしのコンシェルジュを開業し、東急沿線の暮らしを幅広く支えていくために窓口を主要駅に開業した。

まちづくりでは、2011 年に自然との共生をテーマにした新しい街として二子玉川ライズを開業させた。2017 年には、横浜市と協働で次世代郊外まちづくり基本構想として、持続可能なまちづくりの一環である老朽化が進行するニュータウンの処方箋を発表した。

東急の施設を例にすれば、1978 年に開業した東急嶮山スポーツガーデンを、あざみ野ガーデンズとして再生している。また、SDGs 目標 7 の「エネルギーをみんなに、そしてクリーンに」に適応して、東急パワーサプライを 2015 年に設立している。

**【図表 24　東急株式会社の歴史（2004 ～ 2015）】**

| 年 | | 事項 |
|---|---|---|
| 次世代編 | 2004 | 東急セキュリティ設立。東急沿線をさらに安心安全な街へ。 |
| | 2007 | たまプラーザテラス開業。 |
| | 2009 | 住まいと暮らしのコンシェルジュ開業。東急沿線の暮らしを幅広く支えていくために窓口を主要駅に開業。 |
| | 2010 | 東急ウェリナ大岡山開業。シニアレジデンス開業。 |
| | 2011 | 二子玉川ライズ開業。自然との共生をテーマに新しい街が誕生。 |
| | 2012 | 4月、渋谷ヒカリエ開業。東急文化会館のDNAを受け継ぐ。 |
| | | 6月、東急ベルサービス開始。 |
| | 2013 | 3月、東横線・副都心線直通運転開始。東横線が渋谷地下駅に移動。 |
| | | 6月、次世代郊外まちづくり基本構想発表。老朽化が進行するニュータウンの処方箋として、横浜市と東急の指導のもとにまちづくりが推進される。 |
| | | 10月、あざみ野ガーデンズ開業。 |
| | 2015 | 10月、東急パワーサプライ設立。電力自由化に対応。 |

（出典）東急株式会社 H.P.「街づくりとすまい」を基に著者作成

https://www.109sumai.com/housing-club/

## 未来編（2019 ～）

2019 年 9 月、東京急行電鉄は、商号を東急に変更した。これまで東急が主業にしてきた鉄軌道事業は、10 月に分社化して東急電鉄が引き継いだ。

東急は渋谷をターミナルに、東京南西部や神奈川県にかけて路線網を有する。東京の大手私鉄の中で、東急の路線規模は決して大きくないが、鉄道と連携した不動産事業は順調に業績を伸ばしてきた。拠点の渋谷のみならず、東急は東京をはじめとする都市開発の主要プレイヤーになっている。

南町田グランベリーパークは、南町田駅[36]周辺に位置する鶴間公園と、2017 年 2 月に閉館したグランベリーモール跡地を中心に、官民が連携して、都市基盤、都市公園、商業施設、駅などを一体的に再整備し、「新しい暮らしの拠点」を創り出していくまちづくりプロジェクトである。

駅周辺に都市公園と商業施設が隣接するまちの資源を最大限に生かし、約 22ha の広大な敷地に自然とにぎわいが融合した、魅力的な拠点の創出を目指している。

また、南町田グランベリーパークでは、高齢化や人口減少の動向を見据え、新たな住民の流入、地域の住み替えサイクルによる世代間の循環、地域にお住まいの方々やまちを訪れる方々を交えた活発な交流を生み出すことで、良好な住宅市街地とコミュニティーを次世代につなぐ、持続可能なまちづくりを目指している。

今後、東京圏や大阪圏でも人口減少が差し迫った問題になることが予想される。人口減少は当然ながら鉄道利用者の減少を意味する。それだけに、鉄道の運輸事業は早晩に頭打ちになると予測される。

たまプラーザは、2012年4月に横浜市と締結し、2017年4月に更新した「次世代郊外まちづくり」の推進に関する協定に基づき、たまプラーザ駅北側地区（横浜市青葉区美しが丘1･2･3丁目）をモデル地区とし、多摩田園都市を含めた郊外住宅地が抱える様々な課題（高齢化、人口減、老朽化、コミュニティーの希薄など）を、産・学・公・民の連携、協働によって解決し、持続可能なまちづくりを推進するプロジェクトである。

たとえば、「コミュニティー・リビング[37]」の具現化を目指し、2017年5月には「次世代郊外まちづくり」の情報発信や活動拠点の場として「WISE Living Lab」が開設された。

また、2019年4月には、分譲マンション「ドレッセWISEたまプラーザ」の低層部に「多世代コミュニティー交流機能」「身近な就労機能」「子育て支援機能」が導入された地域利便施設「CO-NIWAたまプラーザ」が整備されるとともに、「一般社団法人ドレッセWISEたまプラーザエリアマネジメンツ」が設立され、同施設を拠点としたエリアマネジメント活動などが取り組まれている。

さらに、都市開発事業における中長期戦略「自律分散型都市構造への転換」の具体化に向けて、「住む」機能に特化していた郊外住宅地に「働く」機能の導入に向けた取り組みが進められている。

これは、横浜市や青葉区と共に「田園都市で暮らす、働く」というコンセプトのもと、「住む」と「働く」が融合した新たなライフスタイルの提案や、それに伴う機能誘導などを進めることで、これまでの郊外住宅地にはなかった魅力・価値の創出を目指したものである。

【図表 25　東急株式会社の歴史（2019 ～）】

| 年 | | 事項 |
|---|---|---|
| 未来編 | 2017 | 4月、次世代郊外まちづくりの推進に関する協定の更新。 |
| | 2019 | 4月、一般社団法人ドレッセWISEたまプラーザエリアマネジメンツ設立。 |
| | | 11月、南町田グランベリーパークまちびらき。 |
| | | 11月、渋谷スクランブルスクエア東棟開業。 |
| | | 渋谷フクラス11月より順次開業。 |
| | 2023 | 渋谷桜丘口地区竣工予定。 |
| | 2024 | 渋谷2丁目17地区竣工予定。 |
| | 2027 | 渋谷スクランブルスクエア中央棟、西棟竣工予定。 |

（出典）東急株式会社 H.P.「街づくりとすまい」を基に著者作成

https://www.109sumai.com/housing-club/

## 5　結び

東急は、世界を牽引する新しいビジネスやカルチャーを発信するステージとして「エンタテイメントシティ SHIBUYA」の実現を目指し、2012 年の渋谷ヒカリエの開業を皮切りに、渋谷駅周辺において大規模な開発プロジェクトを関係者と協力して推進している。

渋谷では、東急グループが一翼を担いながら、街のにぎわいを創出する文化を発信し続けている。そのため渋谷は、ビジネスをはじめ、映画やファッションなど様々なエンタテイメントが集積する街へと進化を遂げている。東急グループは、渋谷を訪れる人や暮らす人が、この街を“世界一”と思うことを目指している。

たとえば東急グループは、駅構内の動線の大規模な改良や、官民連携による渋谷川の再生と遊歩道の整備、各街区の建物前への広場の設置など、駅の利便性とともに、自然の潤いと憩いが感じられる、居心地のよいまちづくりを進め官民が連携し、渋谷の街の魅力づくりに取り組む「渋谷駅前エリアマネジメント協議会」に参画している。これは、渋谷を「世界に開かれた生活文化の発信拠点」とするために、渋谷駅前の公共空間に掲出した屋外広告物の収益でまちづくり活動を実施する社会実験を推進するものである。

渋沢が一時は挫折しかけた田園都市構想は、鉄道事業により確立されたといえる。郊外の住宅から電車で通勤するとい会社勤めのライフスタイルは、今では当たり前になっている。それは鉄道が生み出したライフスタイルと言っても過言ではない。そう考えると、鉄道事業を子会社に、不動産部門を親会社に担わせる東急の分社化は、いわば原点回帰とも受け取れる。

渋谷駅周辺は、これまではJR線や国道246号線などにより東西南北に分断され、駅構内も各鉄道会社による移設や増改築によって複雑化していた。また、渋谷は地理的にも谷地形のため、平坦な土地が少なく回遊しづらい点が長年の課題であった。

今回の再開発では、分断された街をつなぐべく、駅周辺に広がる歩行者デッキを設置が計画されている。そして、施設周辺には、立体的な歩行者動線「アーバン・コア」が整備し、回遊性の向上が図られている。アーバン・コアとは、エレベーターやエスカレーターにより多層な都市基盤を上下に結ぶもので、地下やデッキから地上に人々を誘導するための、街に開かれた縦軸空間である。

**【図表26　渋谷駅周辺中心地区の将来イメージ図】**

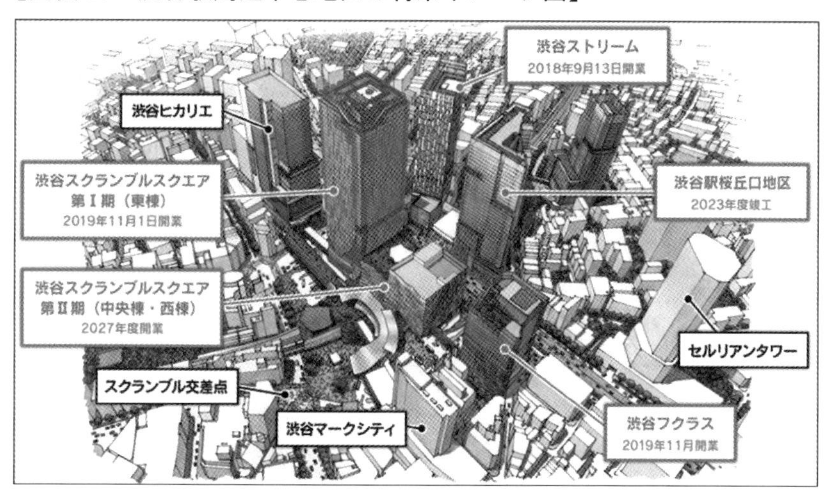


（出典）東急株式会社H.P.「渋谷駅周辺開発プロジェクト」

https://www.tokyu.co.jp/shibuya-redevelopment/

## 引用

29　中西健一（1979）「日本私有鉄道史研究：増補版」ミネルヴァ書房

30　廣岡治哉編（1987）「近代日本交通史」中西健一『大都市地域の形成と民営鉄道』法政大学出版会、p 163-171

31　小林 一三（1873 ～ 1957 年）は、阪急電鉄をはじめとする阪急東宝グループ（現・阪急阪神東宝グループ）の創業者で、鉄道を中心とした都市開発（不動産事業）、流通事業（百貨店、スーパーなど）、観光事業などを一体的に進め相乗効果を上げる私鉄経営モデルの原型を独自につくり上げた。後に全国の大手私鉄や民営化した JR がこの小林一三モデルを採用し、日本の鉄道会社の経営手法に大きな影響を与えた。

32　吉田茂（1986）『交通産業の多角化：日本の交通産業を中心に』「運輸と経済」第 46 巻 4 号、p 27-36、吉田茂（1987）『交通産業の事業展開と戦略的意義』「運輸と経済」第 47 巻 9 号、p 4-16。

33　東京市は、1889 年から 1943 年まで東京府の府庁所在地である。現在の東京都区部（東京 23 区）がこれに相当する。

34　東急株式会社 H.P.「街づくりの軌跡」、https://www.109sumai.com/development/history.html（2021 年 1 月 10 日閲覧）

35　東京都心では、1878 年に皇居周辺に 15 区が定められ、1932 年にはその周辺地域を編入し 35 区となった。このような歴史的な背景やエリアの役割から、現在の東京 23 区に相当するエリアを、都心とその周辺地域に分けた時に使われているのが、都心何区という分類である。千代田区、中央区、港区、渋谷区、新宿区、文京区の 6 区は都心 6 区と呼ばれ、不動産業界では、データの分析や不動産動向の調査にも活用されている。この 6 区のうち、千代田区、中央区、港区の 3 区を特に都心 3 区、文京区を除いた 5 区を都心 5 区と呼ぶ

36　2019 年 10 月 1 日に「南町田グランベリーパーク」駅へ駅名を改称。

37　住まいから歩ける範囲内に暮らしに必要な機能が整い、誰もが安心して住み続けることができるまちの姿。

# 第3章
# 東急のグリーンインフラによるまちづくり

**【要旨】**

東急グループのグリーンインフラに着目した経営戦略は、渋沢栄一によって設立された田園都市株式会社に始まる。渋沢から経営を引き継いだ五島慶太そして五島昇は、渋沢が着想の原点としたハワードの田園都市理論を日本独自の田園都市として実現した。

東急グループは創業以来、渋沢の日本型田園都市を創るという理念を基に、公共交通整備と住宅地開発を両輪として、公共性と事業性を両立させながら、他社に先駆けて新しい生活価値を提案し、持続的なまちづくりを行ってきたが、それは21世紀になって新しいまちづくりの評価基準となるグリーンインフラを先取りしたものである。

本章では、東急の持続可能なまちづくりとしてのグリーンインフラの活用事例を調査することで、その取組みがSDGsアジェンダ2030にも呼応することを確認した。そして、東急の経営戦略としてのグリーンインフによるまちづくりが、渋沢の日本型田園都市構想に期限をもち、100年培われたESG[環境(Environment)・社会(Social)・ガバナンス(Governance)]によるものであり、ハワード田園都市理論という洋才が、渋沢らの和魂により、21世紀の新しいタイプのまちづくりが実施されていることをみていく。

## 1　はじめに

2015年9月にニューヨークの国連本部で開催された「持続可能な開発サミット」において、地球規模で取り組むべき大きな持続可能な開発目標（SDGs＝Sustainable Development Goals）・2030アジェンダが採択された。それに伴い企業の社会的責任（CSR＝corporate social responsibility）がクローズアップされている。

これは、企業は利益を追求するだけでなく、企業の組織活動が社会へ与える影響に責任をもち、あらゆるステークホルダー（利害関係者：消費者、投資家等、及び社会全体）からの要求に対して適切な意思決定をする責任を持つことである。すなわちCSRは、企業の経営戦略の根幹において企業の自発的活動として、企業自らの永続性を実現し、また、持続可能な未来を社会とともに築いていく活動である。

SDGsが採択された背景には様々な課題解決のための取組みが唱えられているが、目標13には「気候変動に具体的な対策を」が掲げられている。近年世界各地で報告される異常気象は、地球温暖化が大きな要因として問題になっている。そのために、気候変動に関する国際連合枠組条約（UNFCCC＝United Nations Framework Convention on Climate Change）の2015年パリ協定（COP21）では、人類や地球上の生態系にとって危機的な被害とならない水準として、200年前の産業革命前からの気温上昇幅を2℃あるいは1.5℃以内に抑えることを目標としている。

しかし、2018年の世界の平均気温（陸域における地表付近の気温と海面水温の平均）の基準値（1981～2010年の30年平均値）からの偏差は+0.31℃で、1891年の統計開始以降、4番目に高い値となっている。世界の年平均気温は、様々な変動を繰り返しながら上昇しており、長期的には100年あたり0.73℃の割合で上昇している。特に1990年代半ば以降、高温となる年が多くなっている。

マクロな地球環境として地球温暖化防止に取り組むことはもちろんだが、地域レベルでは都市化の進展によって舗装面積の増加と植生被覆面積の減少を招き、自然の水循環の喪失による雨水流出量の増大や蒸発散による冷却効果の減少（ヒートアイランド）を引き起こしている。またヒートアイランド現象は、子供や高齢者などの熱中症が問題になっている。今後、人口か集中する都市部におけるヒートアイランド対策の1つとして、グリーンインフラに着目した都市整備が求められる。

このため我が国では、2016年度に閣議決定された国土形成計画、第4次社会資本整備重点計画において、「国土の適切な管理」、「安全・安心で持続可能な国土」、「人口減少・高齢化等に対応した持続可能な地域社会の形成」といった課題への対応の1つとして、グリーンインフラの取組みを推進することが盛り込まれた。そして国土交通省では2018年12月より「グリーンインフラ懇談会」において、社会資本整備や土地利用等に際してグリーンインフラの取組みを推進する方策の検討を進めている。

また、産業の変化に合わせて、都市のあり方も変わりつつある。産業も今や分業ではなく、モノのインターネット（Iot = Internet of Things）テクノロジー等の伸展でオープンイノベーションが期待されるが、世界中でエコシステムが生まれやすいように局地化されたイノベーションディストリクトが勃興している。そして、東京圏は、世界最大級の人口規模と密度を持ち、多くの人が通勤通学に電車を利用するために民間企業が鉄道を運営できるという稀有な特徴がある。世界の乗降客数ランキングを例にすると、上位はほとんどが日本の駅で、新宿が1位、渋谷が2位であり、東急電鉄の起点となる渋谷は、鉄道4社9路線で1日300万人超が利用している。

東急グループは創業以来、公共交通整備と住宅地開発を両輪として、公共性と事業性を両立させながら、他社に先駆けて新しい生活価値を提案し、持続的なまちづくりを行ってきた。東急のまちづくりの理念にはイギリスのエベネザー・ハワードによる「田園都市論」を範とした、都市アクセスの利便性と郊外の生活環境の両立の承継が示されている。本章では、東急が進めた日本型田園都市につて、東急の歴史をたどることでその特徴を考察した。

東急グループのグリーンインフラに着目した経営戦略は、渋沢栄一によって設立された田園都市株式会社に始まる。そして、渋沢が一時は挫折しかけた田園都市構想は、鉄道事業により確立されたといえる。郊外の住宅から電車で通勤するとい会社勤めのライフスタイルは、今では当たり前になっているが、それは鉄道が生み出したライフスタイルとなったからである。

渋沢から経営を引き継いだ五島慶太そして五島昇は、渋沢が着想の原点としたハワードの田園都市理論を日本独自の田園都市として実現することになる。したがって、東急グループは創業以来、公共交通整備と住宅地開発を両輪として、公共性と事業性を両立させながら、他社に先駆けて新しい生活価値を提案し、持続的なまちづくりを行ってきたが、それは21世紀になって新しいまちづくりの評価基準となるグリーンインフラを先取りしていたかのようである。

2019年9月、東京急行電鉄は、商号を東急に変更した。これまで東急が主業にしてきた鉄軌道事業は、10月に分社化して東急電鉄が引き継いだ。東急は渋谷をターミナルに、東京南西部や神奈川県にかけて路線網を有する。東京の大手私鉄の中で、東急の路線規模は決して大きくないが、鉄道と連携した不動産事業は順調に業績を伸ばしてきた。

東急は、拠点の渋谷のみならず東京圏をはじめとする都市開発の主要プレイヤーになっている。そう考えると、鉄道事業を子会社に、不動産部門を親会社に担わせる東急の分社化は、田園都市株式会社へのいわば原点回帰とも受け取れるが、本研究では、この不動産開発事業と鉄道事業の両輪によって進められているグリーンインフラに着目した東急の経営戦略が、渋沢の田園都市構想を原点にしていることを明らかにすることを目的とする。

## 2　論考の枠組み

### 枠組みの設定

本章では、図表27の論考の枠組みを設定して、東急のグリーンインフラによるまちづくりの考察を行った。また、東急の経営戦略がSDGs2030つながることへの検証では、図表28に示すSDGsの目標とターゲットを用いた。

【図表27　論考の枠組み】

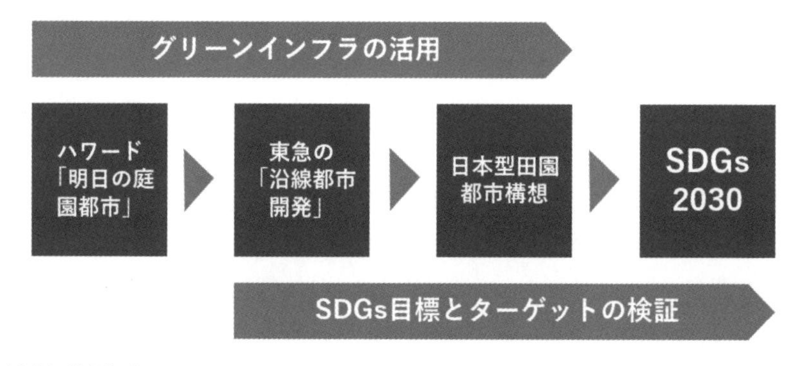


（出典）著者作成

【図表 28　東急の経営戦略と SDGs 目標】

| Goal | ターゲット |
|---|---|
| 目標6：すべての人々の水と衛生の利用可能性と持続可能な管理を確保する | |
| 目標7：すべての人々の、安価かつ信頼できる持続可能な近代的エネルギーへのアクセスを確保する | |
| 目標9：強靭（レジリエント）なインフラ構築、包摂的かつ持続可能な産業化の促進及びイノベーションの推進を図る | |
| 目標11：包摂的で安全かつ強靭（レジリエント）で持続可能な都市及び人間居住を実現する | |
| 目標12：持続可能な生産消費形態を確保する | |
| 目標13：気候変動及びその影響を軽減するための緊急対策を講じる | |
| 目標15：陸域生態系の保護、回復、持続可能な利用の推進、持続可能な森林の経営、砂漠化への対処、ならびに土地の劣化の阻止・回復及び生物多様性の損失を阻止する | |

（出典）著者作成

## 論考の手順

第３節では、東急のグリーンインフラによる経営戦略について、次の調査を行った。

①パネルディスカッションへの参加

②インタビュー調査

③フィールドワーク

①は、東京急行電鉄株式会社 都市経営戦略室戦略企画グループ小林乙哉氏が東急のまちづくりについて、パネラーとして報告を行ったものである。

②は、二子玉川ライズに本社を移したＲ社に勤務するＫ氏に依頼して、直接質問する形式で行った。

③は、東京城西エリアから神奈川県を網羅する田園都市線において、二子玉川ライズなどの新しい街を擁する二子玉川駅、宮前美しの森公園があるたまプラーザ駅、国際的な環境認証制度を取得した南町田グランベリーパーク駅においてフィールドワークを行った。

第４節では､本章のタイトルでも使用した「グリーンインフラ」について、用語の定義としてのグリーンインフラの制度化、グリーンインフラの効用としてのヒートアイランド現象の抑制、そして、グリーンインフラによってもたらされる持続可能なまちづくりについて考察する。

第５節では、インタビュー調査、現地調査の結果をフレームワークに盛り込むことで、東急のグリーンインフラによるまちづくりの特徴を抽出する。

**先行研究及び資料のレビュー**

**①グリーンインフラの考察**

グリーンインフラの考察には次の資料のレビューを行った。

（1）国土交通省（2016）「国土形成計画、第４次社会資本整備重点計画」国土交通省 H.P. https://www.mlit.go.jp/sogoseisaku/point/sosei_point_tk_000003.html

（2）国土交通省（2018 ～ 2019）「グリーンインフラ懇談会議事概要」https://www.mlit.go.jp/sogoseisaku/environment/sosei_environment_tk_000017.html

（1）は、第４次社会資本整備重点計画（計画期間 2015 ～ 2020 年）における社会資本整備をめぐる状況の変化と基本戦略である。その中でも、重点目標３「人口減少・高齢化に対応した持続可能な地域社会を形成する」において、美しい景観・良好な環境の形成と健全な水循環の維持又は回復、地域の個性を高める景観形成とグリーンインフラの取組推進が盛り込まれている。

（2）は、国土交通省が主催した懇話会で、今後の社会資本整備や土地利用等に際して、グリーンインフラの取組を推進する方策について、幅広く議論することを目的として開催された。

第１回は 2018 年 12 月、第２回は 2019 年２月、第３回は 2019 年３月、第４回は 2019 年６月に開催された。会議の目的は、今後の社会資本整備や土地利用等に際して、グリーンインフラの取組を推進する方策について、幅広く議論し、検討することであった。

**② SDGs の目標とターゲットの検証**

SDGs の目標とターゲットの検証については、次の先行研究のレビューを行った。

（1）西嶋啓一郎（2019）「SDGs を基盤とした大学連携型地域貢献」セルバ出版

（2）西嶋啓一郎（2020）「SDGs を基盤とした大学連携型国際貢献～エルサルバドルの OVOP ～」セルバ出版

（1）は、SDGs を 17 の目標ごとにわかりやすくまとめたもので、SDGs の 17 の目標別に、「なぜこの目標が設定されたのか」、「何が問題となっているのか」、「取り組まなかったらどうなるのか」、「私たちには何ができるのか」等を解説している。

（2）は、日本の戦後展開された「農村生活改善運動」から、大分県での一村一品運動（以下 OVOP）の発祥の経緯や OVOP に込められた地域づくりの理念をみることで、地域特産品ビジネスのブランド戦略を考察したものである。

また、SDGs を基盤とした OVOP の展開として、海外で展開する OVOP における課題を考えることで、OVOP に求められる新たな価値創造による経済発展と社会的課題の解決の両立について、SDGs を基盤とした OVOP ビジネスの技術革新の方向性を概観している。

## 調査手法

調査は、東急沿線のまちづくりについてパネルディスカッションへの参加、田園都市線沿線にある会社に勤務する会社員へのインタビュー調査と現地調査を行った（図表 29 参照）。

また、パネルディスカッション参加による調査の内容、インタビュー調査、フィールドワークの概要を図表 30 に示す。

**【図表 29　調査方法】**

| 調査日 | 方法 | 調査先 |
| --- | --- | --- |
| 2019年7月30日 | パネルディスカッション参加 | 東急電鉄都市経営戦力室戦略企画グループ |
| 2020年9月17日 | インタビュー調査 | 二子玉川駅に本社がある会社に勤務する会社員 |
| 2020年9月17日 | フィールドワーク | ・二子玉川駅（二子玉川ライズ、二子玉川公園）<br>・たまプラーザ駅（宮前美しの森公園）<br>・南町田グランベリーパーク駅 |

（出典）著者作成

【図表 30　調査項目】

| 調査 | 調査項目 |
| --- | --- |
| パネルディスカッション | ・東急の経営戦略としてのまちづくりについて<br>・田園都市沿線開発事業について<br>・これからのまちづくりについて |
| インタビュー調査 | ・本社機能を都心から移したことについて<br>・田園都市線の利便性について<br>・二子玉川駅周辺環境について<br>・郊外立地でのグローバルビジネスの展開について |
| フィールドワーク | ・グリーンインフラの取り組み<br>・エコミュージアムの取り組み |

（出典）著者作成

## 3　調査

### パネルディスカッション参加

2019 年 7 月 30 日、国連大学 1 階にある地球環境パートナーシッププラザにおいて、「グリーンインフラからはじまる未来の都市づくり」（主催：関東地方環境パートナーシップオフィス［関東 EPO］、協力：地球環境パートナーシッププラザ［GEOC］）が開催された。

最初に国土交通省都市局都市計画課 課長補佐一言太郎氏による「グリーンインフラについて」の講演があり、引き続き一言太郎氏のモデレートによるパネルディスカッションが開催された。パネラーは次の 3 名であった。

・鈴木亮平氏（特定非営利活動法人 Urban design partners balloon 理事長）
・小林乙哉氏（東京急行電鉄株式会社 都市経営戦略室戦略企画グループ）
・新井聖司氏（大日本コンサルタント株式会社 新エネルギー推進部・事業室）

小林乙哉氏による事例紹介を次に記す[38]。

### ①東急の経営戦略としてのまちづくりについて

東急電鉄の創業は、1918 年の田園都市株式会社の設立に始まる。設立は渋沢栄一により行われた。渋沢は会社設立の目的を次のように述べている。

「都市が膨張すればするほど、自然の要素が人間生活から欠如していく。

自然の要素が欠如する結果、都会生活者は、道徳上、肉体上に、各種の悪影響を受けることはいうまでもない。不健康となり、活動力は鈍り、神経衰弱者が増加し、不良青年が輩出するのもこの結果である。これは大都会生活者の避くことを得ない一大欠陥である。東京市も年を追うて、この弊害が顕著となりつつある。この弊害から都会人士を救済し、健康にして明朗な家庭生活を営ませる。これが田園都市の設立目的であり、理想であった」

その後、1922年に東急電鉄の前身である目黒鎌田電鉄が創業され、鉄道事業を骨子としたまちづくりが開始される。そのため1928年に田園都市株式会社は鉄道会社に合併され、1942年に東京急行電鉄が設立された。

渋沢の経営戦略を引き継いだ五島慶太は、1953年に「東急多摩田園都市」開発構想となる「城西南地区開発趣意書」を発表した。そして開発の舞台となる田園都市線は、1984年に中央林間駅まで全通した。

**② 田園都市沿線開発事業について**

1918年から2018年の100年を振り返れば、田園都市線全線開業までの東急グループによる郊外住宅地開発はハワードの田園都市理論による「職住近接都市」とはならなかった。それは、都心に通勤する人のベッドタウンであった。

しかしながら、東急グループによるグリーンインフラに取り組んだ二子玉川ライズ等の開発は、100年目に辿り着いたハワードの田園都市の夢が、日本型田園都市として展開しつつある。二子玉川ライズでは、都心と異なるオフィスマーケットを創出している。それは都市と自然の境界線に位置し、多摩川や国分寺崖線など緑豊かな自然環境を有する二子玉川の特性を尊重し、「都市と自然が共存するまちづくり」を目指すものである。

**③これからのまちづくりについて**

東急グループでは、「多摩川流域まちづくり勉強会」を産学官で協働して立ち上げて、この地域の将来ビジョンの構想、発信、戦略的取り組みを実施している。そして、「中期ビジョン2025」を作成し、2018年7月から多摩川流域社会実験区「TAMA X（タマクロス）」ローンチを開始した。タマクロスでは、次の3つの社会実験が行われた。

(a) CAMPING OFFICE TAMAGAWA（キャンピング・オフィス・サービス）

（b）TAMAGAWA BREW
（c）ウオーキングサッカー体験会

（a）は、2018年7月に開始されたキャンピング・オフィス・サービス（CAMPING OFFICE TAMAGAWA）では、自然の中で働くという新しい働き方が提案された。具体的には、川崎市高津区の二子新地駅近くの多摩川河川敷で、キャンピングスタイルの企業向け会議スペースが貸し出された。

主催はスノーピーク・ビジネスソリューションズと東急電鉄とクリエイティブ・シティ・コンソーシアムであった。営業時間は毎週金曜日14時～20時で、利用料金は1人当たり1万6000円であった（料金にはオフィス利用料、レンタル備品、設営費のほか、ディナー代とたき火代が含まれる）。実施は同年11月まで行われた。

（b）は、世田谷区の二子玉川駅近くにある区立兵庫島公園を中心とした水辺の公共空間で「TAMAGAWA BREW」が行われた。地元のクラフトビールやフードの提供と共に、たき火や映画上映、ワークショップなど、地域の人々によるアクティビティのある「水辺の風景」を醸成する試みが行われた。

このイベントでは、地域のクリエイターや住民がまちづくりに参画する機会が設けられ、スモールビジネスの振興が促された。事前にトライアルとして6月1日～3日に開催され、本イベントは9月末～10月に開催された。社会実験を経て様々な課題や解決策を見つけていくことで、最終的には毎月の開催を見据え、恒常的で持続的な取り組みとすることが目的であった。

（c）は、2018年7月28日には川崎市の等々力緑地で同市主催のウオーキングサッカー体験会が開催された。気軽にスポーツを楽しむ文化を多摩川流域エリアから発信するとともに、健康で生き生きとした地域づくりを目的に掲げている。多摩川流域のサッカークラブである川崎フロンターレや日本サッカー協会などが協力した。

## インタビュー調査

インタビュー調査は、二子玉川ライズに本社を移したR社に勤務するK氏に依頼して、直接質問する形式で行った。次に概要を示す

日時：2020年10月6日火曜日12：00～13：00

場所：二子玉川ライズルーフガーデン
質問事項：
(a) K 氏の仕事について
(b) 本社機能を都心から移したことについて
(c) 田園都市線の利便性について
(d) 二子玉川駅周辺環境について
(e) 郊外立地での R 社のグローバルビジネスの展開について
(f) クリエイティブ・シティ・コンソーシアムの取り組みについて

(a) では、K 氏が勤務する R 社は、2015 年 8 月に東京急行電鉄株式会社および東急不動産株式会社が運営する「二子玉川ライズ」内に、二子玉川東第二地区市街地再開発組合が新たに建設した「二子玉川ライズ・タワーオフィス」に本社機能を集約移転した。施設は地上 30 階・地下 2 階建てのオフィス・ホテル棟の内、26 フロアを占めるオフィスの全フロアに入居している。

K 氏は 2017 年 3 月に九州大学大学院修士を終了し、4 月から R 社に就職した。現在 R 社においてシステムエンジニアリングの仕事をしている。自宅は会社に徒歩で通える二子玉川駅近くのアパートである。都心よりも家賃は割安で、通勤のラッシュアワーにも無縁とのことであった。K 氏の仕事では、R 社が越境 EC を展開していることもあり、海外の取引先が東京にきて打ち合わせ及び接待を行うことがあるということであった。また、自身も国内及び海外への出張も多いということであった。

(b) では、R 社は二子玉川ライズへの移転前は、六本木ヒルズ、品川シーサイドに本社機能があったそうですが、1 つにまとまっていないことの不便さがあり、二子玉川ライズで本社機能を集約化したメリットは大きいということでした。また、海外からの取引先の来訪においても、二子玉川駅への羽田、成田両空港からのアクセスは全く問題ないということです。

R 社のビルの下に両空港へのリムジンバスの発着場があるため、特に荷物の多い場合は助かるそうです。宿泊施設も二子玉川ライズ内に二子玉川エクセル東急ホテル（106 室）があり、接待もライズ内の飲食店はバラエティーが豊富ということでした。

ただ、K 氏が 1 つ不満として挙げたことは、二子玉川駅周辺には六本木や品川のように会社がないため、異業種交流などの他社の社員との交流の機会は少ないということでした。

(c) では、田園都市線では渋谷まで急行で 11 分（¥200）なので東京各所への移動は全く問題なく、また K 氏は名古屋支社などへの出張ために時々新幹線を利用するが、二子玉川駅からは東急大井町線が始発で出ているので、大井町で JR に乗り換え品川駅、あるいは東京駅までも問題なくいくことができるということであった。

(d) では、新しい街なので生活雑貨・日用品、ファッション、書店、飲食店などは最新流行の店舗が揃っているので便利だということであった。特に蔦屋家電は、日本初のネット時代の次世代型ショールームというコンセプトでユニークであり、新しい販売スタイルを感じさせるものであるが、二子玉川ライズの開業に併せて住民からのアンケート調査によるニーズとウォンツの結果として生まれた形態であるということであった。

ただ、K 氏が大学院時代に暮らした大学街の庶民的で雑多な心地良さはこの新しい街に求めるべくもないことであるが、二子玉川ライズの駅反対側の高島屋側に、幾分庶民的な居酒屋などがあるのでこちらも満足度が高いということであった。

(e) では、(b) でも述べたように海外の取引先の来訪、自社からの出張とも全く問題はないこと、また、海外での取引先と初面談の際には、日本での本社所在地が認知上重要視されるが、東京 23 区内であれば問題ないということであった。

(f) では、そういう取り組みがあったらしいことは聞いたことはあるが、現在そういう情報は聞かない。しかし、他社社員との交流の必要性は十分に感じているので、再びイベントのお知らせがあれば参加したいということであった。

K 氏には、インタビュー調査終了後、二子玉川ライズエコミュージアムを案内いただいた。そして、R 社の入居するビルの真下の低層階屋上庭園にある「青空デッキ」、「原っぱ広場」、「めだかの池」を案内していただいた。K 氏の説明では、多摩川を吹き通る風とこのエコミュージアムが呼応して心地良いくつろぎを与えてくれるということであった。

## フィールドワーク

### ① 調査路線の設定

東急の路線は、東京城西エリアから神奈川県を網羅する田園都市線と東横線を主線に、それらに接続する路線によって構成される。また、運営は、1907年玉川電鉄開設を皮切りに合併、社名変更を経て最終的に東急に至った（図表31参照、詳細は第6章東急株式会社の歴史）。

最も新しい路線は田園都市線である。1966年の開設当初は溝の口～長津田区間であったが、2000年新玉川線と田園都市線統合されて、渋谷～中央林間が田園都市線となった。

本調査では、現地調査を田園都市線沿線とした。田園都市線は、都心と緑豊かな閑静な住宅街を結ぶ主力路線で、渋谷から中央林間まで27駅を結ぶ。東急電鉄初の地下鉄「新玉川線」として1977年開通した渋谷～二子玉川間を含め、1984年に全線開通した。2000年に名称を田園都市線に統一。2003年には半蔵門線を介して東武伊勢崎線（東部スカイツリーライン）・日光線と直通運転を開始した（図表32）。

線路の施設と地域開発をほぼ同じ時期に行い、生活に密着した路線として発達した。川崎、横浜、町田、大和の4市にまたがる「多摩田園都市」や横浜市の都市計画によって開発された「港北ニュータウン」と都心を結んでいる。沿線は整備された住宅街だけでなく、多摩川河川敷など緑豊かなエリアが特徴である。

渋谷駅周辺は、これまではJR線や国道246号線などにより東西南北に分断され、駅構内も各鉄道会社による移設や増改築によって複雑化していた。また、渋谷は地理的にも谷地形のため、平坦な土地が少なく回遊しづらい点が長年の課題であった。

今回の再開発では、分断された街をつなぐべく、駅周辺に広がる歩行者デッキを設置が計画されている。そして、施設周辺には、立体的な歩行者動線「アーバン・コア」が整備し、回遊性の向上が図られている。アーバン・コアとは、エレベーターやエスカレーターにより多層な都市基盤を上下に結ぶもので、地下やデッキから地上に人々を誘導するための、街に開かれた縦軸空間である。

## 【図表 31　東急路線】

| 運営会社 | 路線名 | 区間 | 開設 | 備考 |
|---|---|---|---|---|
| 玉川電気鉄道 | 玉川線 | 渋谷～玉川 | 1907 | 1927年玉川～溝の口間開業（全通） |
| 目黒蒲田電鉄 | 目蒲線 | 目黒～蒲田 | 1923 | 3月に沼部、11月に蒲田<br>2000年に目黒線と東急多摩川線に分割 |
| 玉川電気鉄道 | 世田谷線 | 三軒茶屋～世田谷 | 1925 | 開業時は下高井戸線という名称<br>1969年玉川線渋谷～二子玉川園間が廃止され世田谷線に改称 |
| 東京横浜電鉄 | 東横線 | 多摩川～神奈川 | 1926 | 1927年渋谷～多摩川間開業<br>1928年神奈川～高島間開業<br>1932年高島～桜木町間開業（全通）<br>1950年神奈川駅廃止<br>1964年北千住～中目黒～日吉で営団地下鉄日比谷線相互直通運転開始<br>2004年横浜～高島町～桜木町間の営業終了 |
| 目黒蒲田電鉄 | 大井町線 | 大井町～大岡山 | 1927 | 1929年大岡山～二子玉川開業（全通）<br>1940年二子玉川と玉川線よみうり遊園を統合し二子読売園に改称<br>1943年玉川線二子読売園～溝の口間を大井町線に編入<br>1963年大井町線を田園都市線に改称<br>1979年大井町線名称復活 |
| 池上電気鉄道 | 新奥沢線 | 雪が谷大塚～新奥沢 | 1928 | 1935年廃止 |
| 東京急行電鉄 | 田園都市線 | 溝の口～長津田 | 1966 | 1968年長津田～つくし野間開業<br>1972年つくし野～すずかけ台間開業<br>1976年すずかけ台～つきみ野間開業<br>1984つきみ野～中央林間開業 |
|  | 新玉川線 | 渋谷～二子玉川園 | 1977 | 1978年新玉川線が営団地下鉄半蔵門線と直通運転開始<br>2000年新玉川線と田園都市線統合、渋谷～中央林間が田園都市線となる |

・新玉川線開通当初は新玉川線と田園都市線の直通運転を行っておらず、二子玉川園を境に運転系統は分断されていた。開通7か月後の1977年11月からの日中限定の直通快速の運転を経て、1979年8月に二子玉川園駅以西の田園都市線から新玉川線への全面直通運転を開始した。これにより田園都市線のうち、大井町～二子玉川園は同日から大井町線に改称した上で、朝と深夜の一部に鷺沼直通を残して運転系統を分離した。
・二子玉川園は、以前は田園都市線と新玉川線の境界駅であったが、田園都市線と新玉川線が「田園都市線」の名称で統一された2000年8月に、駅名も現在の「二子玉川」に変わる。

（出典）著者作成

図表 32 は、田園都市線は、東京都の渋谷駅から神奈川県大和市の中央林間駅までを結ぶ路線距離 31.5 km 鉄道路線である。渋谷駅から二子玉川駅までは、かつて新玉川線という名称の別路線であったが、2000 年以降は田園都市線の一部となっている。

東急では、東横線と並ぶ基幹路線である。起点の渋谷駅から東京メトロ半蔵門線を介して東武伊勢崎線（東武スカイツリーライン）・日光線と相互直通運転を行っており、特に東京メトロ半蔵門線とは一体的に運行されている。また二子玉川駅溝の口駅から大井町線への直通列車も運行されている。

【図表 32　田園都市線の駅】

（出典）東急 H.P.　https://www.tokyu.co.jp/ekitown/dt/index.html

### ②現地調査

**・二子玉川駅**

「ニコタマ」の愛称で知られ、周辺は洗練された住宅街としてよく知られている。駅のすぐそばを多摩川が流れており（図表33）、川沿いを散歩する人の姿も多い。野川との合流地点にある兵庫島公園は安心して楽しめる水遊びスポットとして人気がある。

さらに川沿いには多くの野球場やサッカー場、バーベキュー場などのスポーツ・レクリエーション施設がある。また、駅から５分ほど歩くと二子玉川商店街があり、昔からの住民の生活を支えてきた庶民的な雰囲気の店舗が揃っている。

**【図表33　二子玉川駅から多摩川の眺め】**

2020年10月6日著者撮影

**・玉川高島屋ショッピングセンター**

1969年11月に、「日本の豊かな郊外の幕開け」というキャッチフレーズを掲げて、東進開発株式会社により横浜高島屋玉川支店として玉川高島屋ショッピングセンターが駅西口に開設された。日本で初めての本格的な郊外型ショッピングセンターとして知られ、これからのショッピングセンター時代のパイオニアとして大きな注目を集めた。

開店当時は百貨店である「玉川高島屋」を核店舗とし、125の専門店が

【図表 34　玉川高島屋百貨店】

2020 年 10 月 6 日著者撮影

出店した。1995 年に株式会社高島屋本体に吸収合併されて横浜店から独立した。

図表 34 は、玉川高島屋百貨店（左側は専門店棟）を二子玉川駅西口から見たものであるが、屋上、建物壁面に緑化が施されている。玉川高島屋百貨店及び専門店街には、ショッピングセンター前を道路があるため、駅とショッピングセンターは道路で隔てられているが、駅西口からエスカレーターとエレベーターで道路を跨ぐペデストリアンデッキにアクセスでき、そこから直接ショッピングセンターに入ることができる。

**・二子玉川ライズ・ショッピングセンター**

二子玉川駅東口の方は、駅直結の「二子玉川ライズ」はオフィスやショッピングセンター、高層マンションが一体化した大型複合施設である。職住近接エリアとして注目され、広大な敷地は緑豊かでショップやレストランが充実している。イベントも多数開催されている。

二子玉川ライズは、「都市と自然の融合」をテーマにタウンフロント・リバーフロント・ステーションマーケット・テラスマーケットの 4 館、175 店舗からなる大型商業施設である。日本初上陸のスペイン皇室御用達の老舗グルメストア「マヨルカ」や、カルチュア・コンビニエンス・クラブ株式会社が手掛ける話題のショップ「二子玉川蔦屋家電」ほか、ファッション・インテリアなど生活に密接した店舗が揃う。また約6000㎡の面積を誇るルーフガーデンや噴水広場もあり、憩いの空間でゆっくり豊かな自然と触れ合える（図表35～37）。

**【図表35　原っぱ広場】**

2020年10月6日著者撮影

**【図表36　屋上庭園を流れ小川】**

2020年10月6日著者撮影

【図表 37　屋上庭園へ上がる階段とめだかの池】

2020 年 10 月 6 日著者撮影

・二子玉川公園

国分寺崖線の緑と多摩川の水辺に囲まれた眺めのよい公園で、眺望広場からは丹沢の山々や富士山を望むことができる。傾斜を活かしたみどりの遊び場、約 1400 本の苗木を区民と植樹した世田谷いのちの森、子どもたちがボール遊びを楽しめる子ども広場などがあり、親子連れで楽しめる。

また、本格的な日本庭園「帰真園」内には、世田谷区登録有形文化財の旧清水家住宅書院が移築復元されている。明治末期から昭和初期にかけて国分寺崖線沿いに多く建てられた建造物として歴史的価値の高い。

【図表 38　二子玉川公園案内図　出典）世田谷区 HP 図より転載】

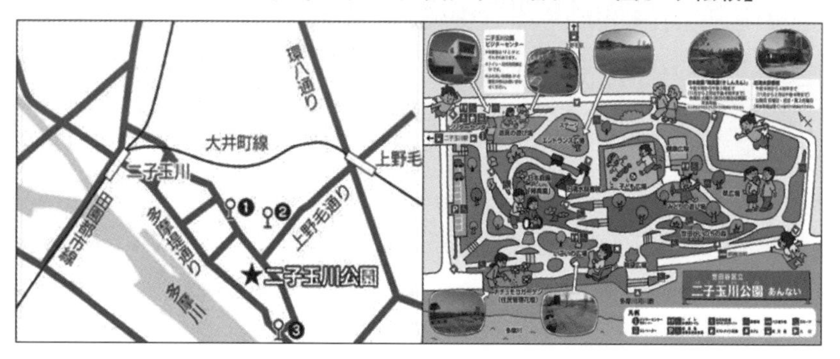


https://www.city.setagaya.lg.jp/mokuji/kusei/012/015/001/004/d00124898_d/fil/annaizu.pdf

【図表 39　日本庭園「帰真園」】

2020 年 10 月 21 日著者撮影

【図表 40　二子玉川公園から二子玉川ライズを望む】

2020 年 10 月 21 日著者撮影

【図表 41　二子玉川公園から多摩川河川敷へのアプローチ】

2020 年 10 月 21 日著者撮影

### ・たまプラーザ駅

渋谷から急行で約 22 分、駅周辺はおしゃれな住宅街として知られており、おいしいと評判のケーキ屋さんも多い。駅に直結した大型施設「たまプラーザテラス」は、東急百貨店やスーパー、100 以上のレストラン・ショップが揃うほか、スポーツクラブやカルチャーセンター、保育園など生活に便利な施設も充実。1階のフェスティバルコートでは野外ライブなど、イベントも多く開催されている。

駅から5分ほど歩くと國學院大学のたまプラーザキャンパスがあるほか、美しが丘公園は花見や夏祭りが行われる地元の憩いの場。室内に迷路やすべり台などの遊具が揃ったログハウスが子どもたちに人気（図表 42)。

**【図表 42　左・たまプラーザ駅から美しが丘公園に向かうユリノキ通り<br>右・美しが丘公園にある樅ノ木】**

2020 年 10 月 21 日著者撮影

**・宮前美しの森公園**

たまプラーザ駅から、美しが丘公園を通り過ぎ、美しが丘東小学校を過ぎた付近は宮前区犬蔵の、新しいマンション群が建ち並ぶ、静かな住宅地である。この公園は、川崎市では一番新しい公園だが、古くからあるものを活かしたり、昔から自生していた大木を移植したり、新しいながらも、歴史を感じさせられる（図表 43、44)。

できる限り地域の自然をそのままで残して公園として活用することは、

SDGs 目標 15「陸の豊かさを守ろう」のターゲット 15.4「2030 年までに持続可能な開発に不可欠な便益をもたらす山地生態系の能力を強化するため、生物多様性を含む山地生態系の保全を確実に行う」に通じるものである。

宮前美しの森公園は、住宅街にありながら、雑木林や地形など昔ながらの自然を残している公園。矢上川の源流域に位置し、ホタルやトンボ、絶滅危惧種に指定された「ホトケドジョウ」の生息地でもある池が再現され、木の橋が架かっていて湿地内を散策できる。池の水は井戸から汲み上げた地下水で、公園の北西部には池へと注ぐ小川も。広場もあるので、のびのびと散策できる。

**【図表 43　宮前美しの森公園は雑木林そのままが活用されている】**

2020 年 10 月 21 日著者撮影

**【図表 44　宮前美しの森公園の陽だまりに置かれたベンチ】**

2020 年 10 月 21 日著者撮影

・南町田グランベリーパーク駅

町田市、東急株式会社、東急電鉄株式会社は、2019年11月に「まちびらき」を迎えた「南町田グランベリーパーク」のうち約15haの区域（以下申請エリア）を対象として、国際的な環境認証制度（LEED : Leadership in Energy and Environmental Design）の取得に取り組み、2019年1月の「LEED ND : Neighborhood Development（まちづくり部門）」ゴールド予備認証の取得に続き、駅舎部分については同年6月22日に「LEED NC（新築部門）」のゴールド認証を、申請エリアについては7月22日に「LEED ND（まちづくり部門）」のゴールド認証を取得した（図表46、47）。

駅舎建築物としてのゴールド認証の取得、駅舎を含む開発エリアのゴールド認証の取得ともに国内初である。

【図表45　南町田グランベリーパークプロジェクトの概要】

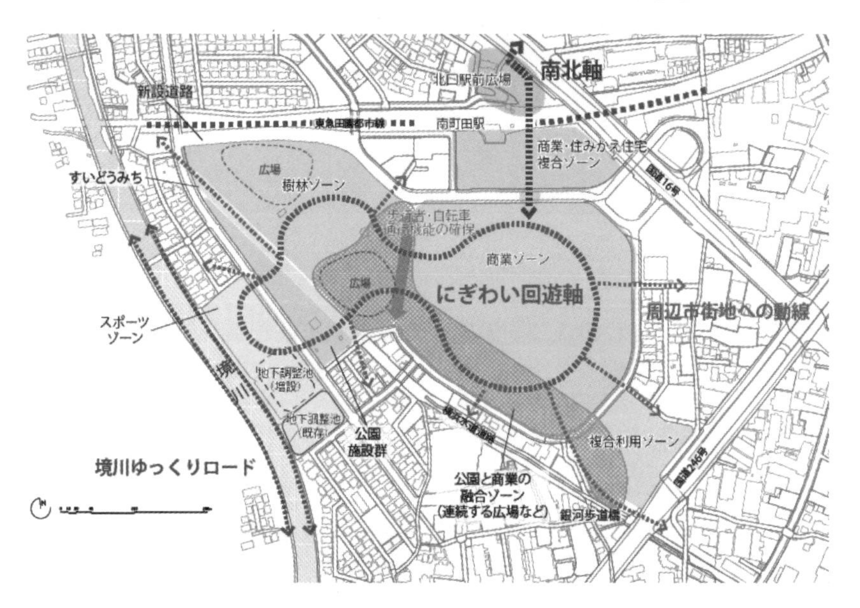


（出典）南町田グランベリーパーク H.P. 図より転載。

https://minamimachida-grandberrypark.com/

【図表 46　南町田グランベリーパークスティックガーデン】

2020 年 10 月 21 日著者撮影

【図表 47　南町田グランベリーパーク鶴間公園】

2020 年 10 月 21 日著者撮影

## 4　調査結果の考察

### パネルディスカッション調査結果の考察

パネルディスカッションに参加した調査では、パネリストの小林乙哉氏（東京急行電鉄株式会社 都市経営戦略室戦略企画グループ）の説明により、渋沢による会社設立の目的を明確にできた。それは、東京で生活する都市生活者に、健康にして明朗な家庭生活を営ませることが、田園都市の設立目的であり、理想であった。

そして、渋沢の経営戦略を引き継いだ五島慶太は、1953年に「東急多摩田園都市」開発構想となる「城西南地区開発趣意書」を発表し、その開発の舞台となるのが田園都市線であった。また小林乙哉氏からは、渋沢の次の言葉を聞くことができた。

「都市が膨張すればするほど、自然の要素が人間生活から欠如していく。自然の要素が欠如する結果、都会生活者は、道徳上、肉体上に、各種の悪影響を受けることはいうまでもない。不健康となり、活動力は鈍り、神経衰弱者が増加し、不良青年が輩出するのもこの結果である。これは大都会生活者の避くことを得ない一大欠陥である。東京市も年を追うて、この弊害が顕著となりつつある。この弊害から都会人士を救済し、健康にして明朗な家庭生活を営ませる。これが田園都市の設立目的であり、理想であった」

このパネルディスカッションでは、グリーンインフラとSDGsが主要なテーマとして議論されたものであった。小林氏からは、1918年に東急の前身である田園都市株式会社を設立した渋沢の思いが、2015年に国連で採択されたSDGsアジェンダ2030の目標11「住み続けられるまちづくりを」とつながっているとの報告がなされた。

小林氏は、現在の東急が実施した二子玉川ライズ等の開発の紹介を行い、渋沢が1918年に描いたハワードの田園都市の夢が、日本型田園都市として100年目に辿り着き展開しつつあると、東急グループによるグリーンインフラに取り組みが紹介された。100年前に渋沢が現在の地球規模の問題を予見した慧眼には敬服させられる。

### インタビュー調査結果の考察

インタビュー調査は、二子玉川ライズに本社を移したR社に勤務するK氏に依頼して、直接質問する形式で行った。K氏には東京都心部から郊外への本社機能を集約移転したことについてメリット、デメリットを中心に質問を行った。

その結果、本社機能を集約したことによる業務の効率化、都心部に比べて賃料が安いことによるオフィス空間のレイアウトの充実化、隣接する多摩川河川敷のグリーンインフラを取り込んだまちづくりによる景観の向上と休日ライフの充実化、満員電車による通勤苦の解消など多くのメリットが挙げられた。デメリットは都心部に比べて異業種交流が少ないので仕事以外での人的交流が希薄化することが挙げられた。

このデメリットについては、東急は既に予想していて様々な取り組みを行っている。東急グループでは、「多摩川流域まちづくり勉強会」を産学官で協働して立ち上げて、この地域の将来ビジョンの構想、発信、戦略的取り組みを実施している。そして、「中期ビジョン2025」を作成し、2018年7月から多摩川流域社会実験区「TAMA X（タマクロス）」ローンチを展開している。

具体的な事例としては、2018年7月に開始されたキャンピング・オフィス・サービス（CAMPING OFFICE TAMAGAWA）では、自然の中で働くという新しい働き方が提案された。川崎市高津区の二子新地駅近くの多摩川河川敷で、キャンピングスタイルの企業向け会議スペースが貸し出された。また駅近くにある区立兵庫島公園を中心とした水辺の公共空間で「TAMAGAWA BREW」が行われ、地元のクラフトビールやフードの提供と共に、たき火や映画上映、ワークショップなど、地域の人々によるアクティビティのある「水辺の風景」を醸成する試みが行われた。

そして、2018年7月28日には川崎市の等々力緑地で同市主催のウオーキングサッカー体験会が開催された。気軽にスポーツを楽しむ文化を多摩川流域エリアから発信するとともに、健康で生き生きとした地域づくりを目的に掲げている。

これらの東急グループの試みは、郊外へ本社機能を移転する会社の新しいタイプのビジネスライフの提案であり、2020年に発生したコロナウイルス感染症による新しい暮らし方、新しい働き方の実証実験が行われていると考えることもできる。

### フィールドワーク調査結果の考察

フィールドワークは、渋沢が目指した日本型田園都市建設の舞台となった田園都市線沿線のまちづくり調査である。調査は、二子玉川駅周辺、たまプラーザ駅周辺、南町田グランベリーパーク駅周辺で実施した。

二子玉川駅では二子玉川サンライズ・ショッピングセンターが展開され、多摩川河川敷の生態系を取り組んだビオトープなどが屋上庭園に設置されていた。たまプラーザ駅周辺では、横浜市エリアに美しが丘公園、川崎市エリアに宮前美しの森公園が整備され、駅前から並木通りで公園をつなぐことで、緑豊かなまちづくりが実現している。南町田グランベリーパークでは、鶴間公園を取り込んだショッピングセンターであり、国際的な環境認証制度（LEED）が取得されている。

二子玉川ライズでは、都心と異なるオフィスマーケットを創出している。それは都市と自然の境界線に位置し、多摩川や国分寺崖線など緑豊かな自然環境を有する二子玉川の特性を尊重し、「都市と自然が共存するまちづくり」を目指すものである。二子玉川ライズでは、「明日の田園都市」でハワードが定義した通り、「郊外」ではなく、「郊外」の対極である生き生きとした都市生活のための総合体であるといえる。

## 5　先行研究及び資料のレビュー

### 持続可能なまちづくりとグリーンインフラ

#### ①グリーンインフラの制度化

我が国では、2016年度に閣議決定された第4次社会資本整備重点計画[39]において、社会資本整備が直面する4つの構造的課題が示された。

(1) 加速するインフラ老朽化

(2) 脆弱国土（切迫する巨大地震、激甚化する気象災害

(3) 人口減少に伴う地方の疲弊
(4) 激化する国際競争
このため、持続可能な社会資本整備に向けて、2015年に閣議決定された国土形成計画[40]の基本方針を踏まえ、第4次社会資本整備重点計画の期間(2015～2020年度)においての実現に向けて、社会資本整備を計画的に実施することとされた。
そして、社会資本整備の目指す姿と計画期間における重点目標、事業の概要として、次の4つの重点目標が掲げられた。
①社会資本の戦略的な維持管理・更新を行う
②災害特性や地域の脆弱性に応じて災害等のリスクを低減する
③人口減少・高齢化等に対応した持続可能な地域社会を形成する
④民間投資を誘発し、経済成長を支える基盤を強化する
そして、③の「人口減少・高齢化等に対応した持続可能な地域社会を形成する」については、「都市のコンパクト化と周辺等の交通ネットワークの形成等」、「高齢者、障害者や子育て世代等が安心して生活・移動できる環境の実現」、「地域の個性を高める景観形成とグリーンインフラの取組推進」、「温室効果ガス排出量の削減等『緩和策』」と、「地球温暖化による様々な影響に対処する『適応策の推進』」が盛り込まれた。
したがって、「国土の適切な管理」、「安全・安心で持続可能な国土」、「人口減少・高齢化等に対応した持続可能な地域社会の形成」といった課題への対応の1つとして、グリーンインフラの取組を推進することが盛り込まれたことになる。そして国土交通省では2018年12月より「グリーンインフラ懇談会」において、社会資本整備や土地利用等に際してグリーンインフラの取組を推進する方策の検討を進めている。

**②首都圏のヒートアイランド現象**

ヒートアイランド現象とは、郊外に比べ、都市部ほど気温が高くなる現象のことである。
東京では、過去100年間の間に、年平均気温が約3℃気温が上昇した(図表48)。中小規模の都市の平均気温上昇が約1℃であるのに比べて大きな上昇である。併せて、熱帯夜(日最低気温が25℃より下がらない日)の日数

【図表 48　東京の年平均気温の推移（11 年移動平均）気象庁データ】

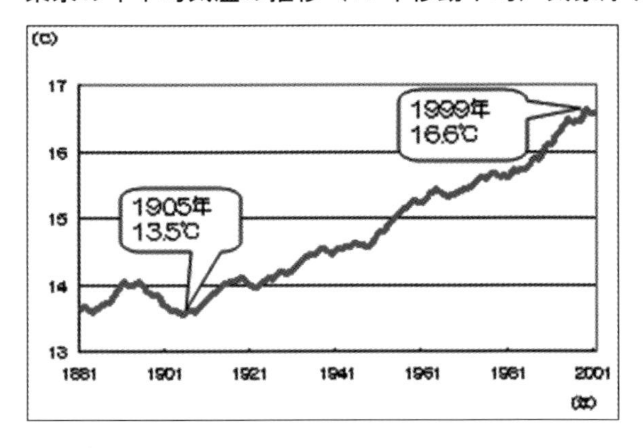


【図表 49　東京熱帯夜の推移（5 年移動平均）気象庁データ】

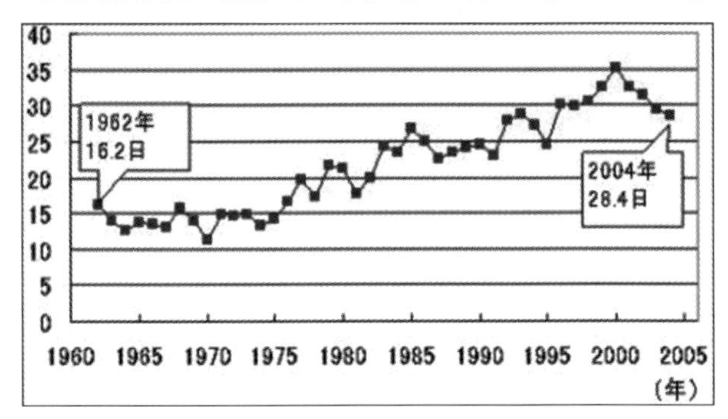


（出典）両図とも東京都環境局 H.P. 図より転載

https://www.kankyo.metro.tokyo.lg.jp/kids/climate/what_heat_island.html

も、過去 40 年間で約 2 倍になっている。これは地球温暖化の影響も考えられるが、ヒートアイランド現象による影響も大きく現われている（図表 49)。

ヒートアイランド現象は次の原因が考えられる。

1）緑地や水面の減少

2）アスファルトやコンクリートに覆われた地面の増大

3）自動車や建物などから出される熱（排熱）の増大

4）ビルの密集による風通しの悪化

1）は、都心部で畑や田んぼなどの緑地が減少し、都内を流れていた河川なども埋め立てられたり、覆いをかぶせられ地中化されたりしている。緑は、水を吸収し、晴れて気温が高くなると、地面や空気の熱を奪って蒸発する。また、河川の水も蒸発する際に、空気の熱を奪う。このように、緑地や水面が減ってしまうと、地面や空気の熱が奪われずに、熱がこもったままになってしまうことになる。

2）は、都心部の地面のほとんどは、アスファルトの道路や、コンクリートでできた建物に覆われている。これらアスファルトやコンクリートは熱をため込み、熱容量が大きなために冷めるのに時間がかかる。この現象は、真夏にアスファルトの道路は裸足で歩くとやけどをしそうになるくらい熱くなっていることで理解できる。

3）は、自動車からの排気やエアコンの室外機から出される空気は、夏場は近くには立っていられないほど熱くなっている。都内を走行する自動車や家庭やオフィスで使用されるエアコンの台数は増え続け、東京の夏はますます暑くなっているといえる。

4）は、ビルなどの建物が密集すると、風の道がさえぎられ、風通りが悪くなり、熱がこもったままになってしまう。同じ気温でも、風があると体感温度は下がる。

**③グリーンインフラの構成要素**

グリーンインフラの構成要素は、森林をはじめ、河川や農地、緑地、海岸など幅広く、それらの多面的な機能を上手く活用する取組みが進められている。

たとえば、森林の多面的な機能発揮では、資源としての間伐による木質バイオマス、防災効果を得るための森林保全には、森林ゾーニングなどがある。河川の多面的な機能発揮では、近自然河川工法による自然再生事業や生態系ネットワーク、ミズベリングプロジェクト、河川ストックを活用した地域振興、河川景観整備などがある。都市緑地の多面的な機能発揮では、レクリエーション機能、都市熱環境の改善、火災延焼防止機能、都市の生物多様性の保全、景観形成などがある。このうち、都市の熱環境改善として、ヒートアイランド現象抑制効果が期待される。

④まちづくりと連携した総合的な治水対策と暑熱緩和

【図表 50　ヒートアイランド対策の模式図（環境省）】

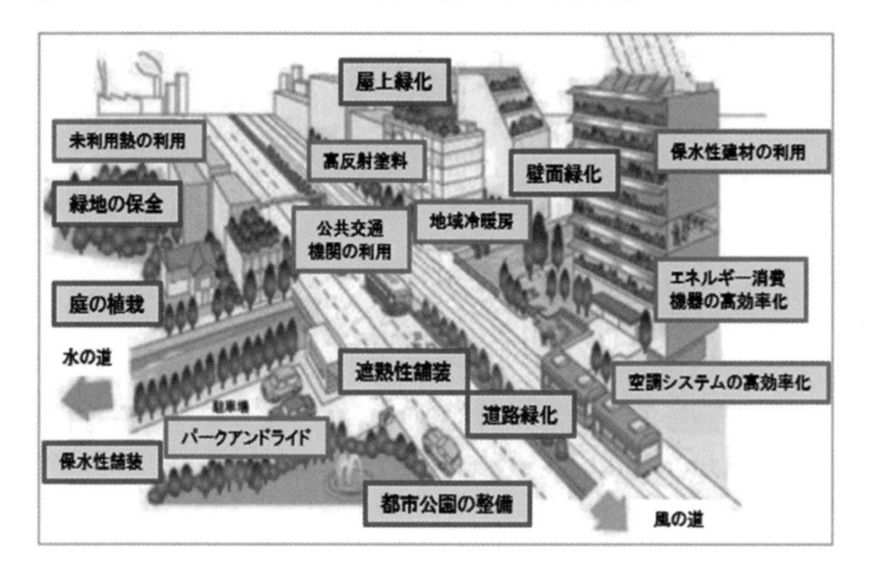


（出典）ヒートアイランド対策ガイドライン 2012 年度版（環境省）を基に著者作成

https://www.env.go.jp/air/life/heat_island/guideline.html

近年の気候変動によって激甚化が予想される局地的大雨等、頻発・激甚化する水害への対応には、治水対策として雨水貯留・浸透施設による内水氾濫対策が有効である。

また緑化による暑熱対策として、ヒートアイランド現象に対して、都市空間（公園、池、歩道、建築物等）を最大限に有効活用して、雨水貯留浸透施設等の整備や緑化により、総合的な治水対策と暑熱緩和を推進する必要がある（図表 50 参照）。

⑤グリーンインフラに期待するもの

「グリーンインフラ」とは、自然が有する多様な機能や仕組みを活用したインフラストラクチャーや土地利用計画を指し、日本における国内問題が抱える社会的課題を解決し、持続的な地域を創出する取組みとして期待されている。

【図表 51　地域活性化・持続可能な地域経営】

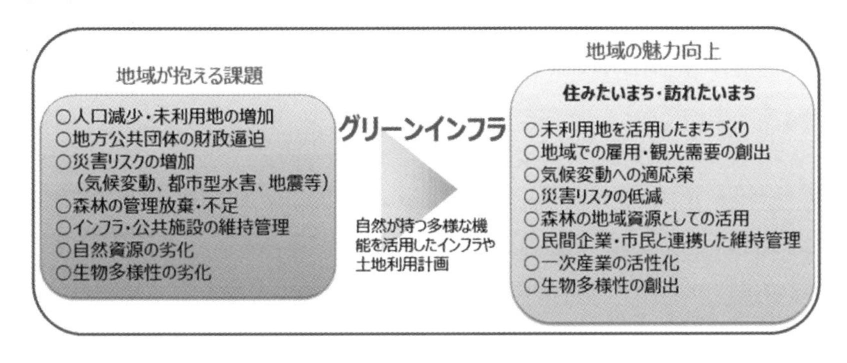


（出典）Pacific Consultants H.P. 図より転載。

https://www.pacific.co.jp/service/environment-energy/energy/close-up/green-infrastructure/

国土形成計画や社会資本整備重点計画をはじめ、森林・林業基本計画[41]や国土強靭化アクションプラン 2017[42] においてもグリーンインフラの必要性が示され、人口減少に伴う未利用地の増加やインフラ老朽化などの社会的課題を解決し、持続的で豊かな地域を創出する取組みであるといえる。

国土交通省では、グリーンインフラに期待する機能として、次の５つを挙げている。

（1）水辺からはじまる生態系ネットワークの形成と地域振興

（2）グリーンベルト事業・里山砂防事業の取組

（3）緑の防潮堤

（4）生物共生型港湾構造物

（5）まちづくりと連携した総合的な治水対策と暑熱緩和

（1）は、川を森林や農地、都市などを連続した空間として結びつける国土の生態系ネットワークによって、「川の中を主とした取組」から、流域の「河川を基軸とした生態系ネットワークの形成」へと視点を拡大したものである。これにより、流域の市町村、NPO、学校など多様なつながりを生かし、流域の農地や緑地などにおける施策とも連携し、魅力的で活力ある地域づくりが期待される。

（2）は、砂防堰堤等の施設整備に加え、市街地に隣接する山麓斜面を一連の緑地帯（グリーンベルト）として、行政（市・県・国）と地域（住民・中学生）が連携して保全・創出することにより、土砂災害を防止し、自然環境・景観を保全することを目的としたグリーンベルト事業、里山砂防事業を推進するものである。

（3）は、高潮が堤防を越えた場合に、堤防が壊れるまでの時間を遅らせることで、避難時間を稼ぐとともに、浸水面積や浸水深を減らすなどの減災効果を有する粘り強い構造の海岸堤防を整備するものである。

（4）は、防波堤や護岸等において、施設の本来の機能を有しながら、藻場等の生物生息場の機能を併せ持つ「生物共生型構造物」の整備を推進するものである。

（5）は、気候変動による激甚化が予想される局地的大雨やヒートアイランド現象への対応として、雨水貯留・浸透施設による内水氾濫対策、緑化による暑熱緩和に取り組むものである。

まちづくりにおけるグリーンインフラの取組は、地域住民による緑地の維持管理や農作業等の体験、ウォーキングなどの多様な活動により、都市部における地域コミュニティーの形成が図られるとともに、心身の健康維持や健康寿命の延伸・社会保障費の削減に寄与が期待される。

また、グリーンインフラの推進には民間企業と連携し、持続可能な運営を図ることが有効であり、公園緑地の整備・維持管理においても、民間企業の資金・ノウハウを活用することが必要と考えられる。

今日、地域が抱える課題は多様である。人口減少や高齢化社会による地域活力の縮小､気候変動による災害リスクの増加等様々な課題が山積している。これらの問題に対して、グリーンインフラは地域の魅力向上の切り札としてまちづくに導入されようとしている。

### 東急の経営戦略における SDGs の目標とターゲットの検証

第２節の論考の枠組みで挙げた本研究の枠組みとする SDGs 目標・ターゲットをここで検証確認したい（図表 52)。

SDGs 目標 6 のターゲット 6.6、目標 15 のターゲット 15.8 に関しては、多摩川の水に関連する生態系の保護・回復を、そして、外来種の侵入を防止するとともに、これらの種による陸域・海洋生態系への影響を大幅に減少させるための対策を導入し、さらに優先種の駆除または根絶を行っている。

東京急行電鉄と、東急電鉄が代表幹事を務める研究会組織「クリエイティブ・シティ・コンソーシアム」は、多摩川の両岸に位置する川崎市、世田谷区、大田区の流域エリア（以下、多摩川流域エリア）で、都市と自然が融合した次世代のライフスタイルの実現を目指して、同エリアでの先進技術の実装や、公共空間の活用などを進める社会実験区プロジェクト「TAMA X（タマクロス)」を、2018年7月から展開している。

また二子玉川ライズ屋上庭園では、多摩川流域エリアの動植物の生態系案内図を提示して、多摩川流域エリアの生態系に関する住民の関心を呼び起こしている（図表53、54)。

東急は、SDGs目標7のターゲット7.1「2030年までに、安価かつ信頼できる現代的エネルギーサービスへの普遍的アクセスを確保する」への適応では、東急パワーサプライを2015年に設立している。この東急パワーサプライは、電力自由化に伴い「新電力」として参入した、再生可能エネルギーを開発・販売する小売電気事業者である。エリア自体は関東地方のほぼ全般ではあるが、東急グループの電力会社であることから、東急沿線である東京都、神奈川県（横浜市、川崎市など）でのシェアが高く、2018年現在ではこれらの沿線エリアのおよそ1割が利用しているとされている[43]。

SDGs目標9のターゲット9.1「すべての人々に安価で公平なアクセスに重点を置いた経済発展と人間の福祉を支援するために、地域・越境インフラを含む質の高い、信頼でき、持続可能かつ強靭（レジリエント）なインフラを開発する」への適応では、田園都市線沿線の人口はさらに増え、ラッシュ時は電車がさらに混雑することが懸念されているが、東急電鉄では、駅のホーム数を増やすといったハード面の対策を検討し、ソフト面では時間帯をずらして乗車するとポイントが貯まる、といったことをすでに行っている。

そして、2016年からは、会員制サテライトシェアオフィス「New Work」を沿線に整備して、ラッシュ時間帯はシェアオフィスで仕事をして混雑を避けるといったこともやっている。この問題に関して東急では、ソフトとハードの両方を組み合わせて中長期的な取組みを継続している。

**【図表 52　東急の経営戦略と SDGs 目標・ターゲット】**

| Goal | ターゲット |
|---|---|
| 目標6：すべての人々の水と衛生の利用可能性と持続可能な管理を確保する | |
| 6.6 | 2020年までに、山地、森林、湿地、河川、帯水層、湖沼を含む水に関連する生態系の保護・回復を行う |
| 目標7：すべての人々の、安価かつ信頼できる持続可能な近代的エネルギーへのアクセスを確保する | |
| 7.1 | 2030年までに、安価かつ信頼できる現代的エネルギーサービスへの普 遍的アクセスを確保する |
| 目標9：強靭（レジリエント）なインフラ構築、包摂的かつ持続可能な産業化の促進及びイノベーションの推進を図る | |
| 9.1 | すべての人々に安価で公平なアクセスに重点を置いた経済発展と人間の福祉を支援するために、地域・越境インフラを含む質の高い、信頼でき、持続可能かつ強靭（レジリエント）なインフラを開発する |
| 目標11：包摂的で安全かつ強靭（レジリエント）で持続可能な都市及び人間居住を実現する | |
| 11.2 | 2030年までに、脆弱な立場にある人々、女性、子ども、障害者及び高齢者のニーズに特に配慮し、公共交通機関の拡大などを通じた交通の安全性改善により、すべての人々に、安全かつ安価で容易に利用できる、持続可能な輸送システムへのアクセスを提供する |
| 11.6 | 2030年までに、大気の質及び一般並びにその他の廃棄物の管理に特別な注意を払うことによるものを含め、都市の一人当たりの環境上の悪影響を軽減する |
| 11.7 | 2030年までに、女性、子ども、高齢者及び障害者を含め、人々に安全で包摂的かつ利用が容易な緑地や公共スペースへの普遍的アクセスを提供する |
| 11.b | 2020年までに、包含、資源効率、気候変動の緩和と適応、災害に対する強靭さ（レジリエンス）を目指す総合的政策及び計画を導入・実施した都市及び人間居住地の件数を大幅に増加させ、仙台防災枠組20152030に沿って、あらゆるレベルでの総合的な災害リスク管理の策定と実施を行う |
| 目標12：持続可能な生産消費形態を確保する | |
| 12.5 | 2030年までに、廃棄物の発生防止、削減、再生利用及び再利用により、廃棄物の発生を大幅に削減する |
| 目標13：気候変動及びその影響を軽減するための緊急対策を講じる | |
| 13.3 | 気候変動の緩和、適応、影響軽減及び早期警戒に関する教育、啓発、人 的能力及び制度機能を改善する |
| 目標15：陸域生態系の保護、回復、持続可能な利用の推進、持続可能な森林の経営、砂漠化への対処、ならびに土地の劣化の阻止・回復及び生物多様性の損失を阻止する | |
| 15.4 | 2030年までに持続可能な開発に不可欠な便益をもたらす山地生態系の能力を強化するため、生物多様性を含む山地生態系の保全を確実に行う |
| 15.8 | 2020年までに、外来種の侵入を防止するとともに、これらの種による陸域・海洋生態系への影響を大幅に減少させるための対策を導入し、さらに優先種の駆除または根絶を行う |

（出典）著者作成

**【図表 53　多摩川流域エリアにおける魚類、植物の生態系案内図】**

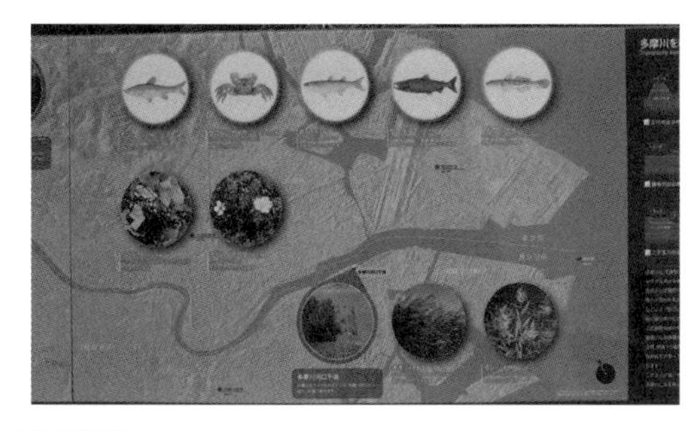

2020 年 10 月 6 日著者撮影

**【図表 54　多摩川流域エリアにおける鳥類、昆虫の生態系案内図】**

2020 年 10 月 6 日著者撮影

**【図表 55　東急の住まいの提案】**

（出典）東急株式会社 H.P.「東急株式会社の街とすまい」図から転載

https://www.109sumai.com/development/

SDGs 目標 11「包摂的で安全かつ強靭（レジリエント）で持続可能な都市及び人間居住を実現する」とそれぞれのターゲットでは、東急は東急沿線が選ばれる沿線であり続けるために、次の３つの日本一を掲げて新しい街づくりに取り組んでいる。

(1) 日本一訪れたい街

(2) 日本一働きたい街

(3) 日本一住みたい沿線

(1) の日本一訪れたい街を目指すことでは、渋谷を世界から注目されるエンタテイメントシティへと再開発事業を進めている。(2) の日本一働きたい街をめざすことでは、二子玉川をオフィスワーカーの集まるクリエイティブシティへと進化させている。(3) の日本一住みたい沿線を目指すことでは、東急沿線を世代ごとに変化し続ける多様なライフスタイルに対応する街づくりを展開している。

たとえば東急では、駅を中心とした街づくりの中で上質な住まいの選択肢を用意するだけにとどまらず、住まい手のライフステージやスタイルの変化にあわせた「住みかえサイクル」を提案する。そしてそのスムーズな実現のために、「住みかえ前の準備」から「住みかえ後の生活」までをトータルにサポートを展開している。こうして、若年世代からシニア世代まで、すべての人々が安心して暮らすことのできる環境づくりを行うことで日本一住みたい沿線を目指している（図表 55)。

東急では、住みかえサイクルにおいて、分譲マンション、分譲戸建て住宅、賃貸住宅、シニア住宅などの上質な選択肢を準備している。また、分譲住宅では、ライフスタイルに合わせたリフォーム事業も準備している。そして、住みかえ前の準備をサポートでは次のサービスがある。

- 自宅の売却・賃貸、活用全般の相談
- 一時的な仮住まい探し
- 引越し業者の紹介、手配
- ファイナル、税務関連の相談
- レンタル収納による荷物預かり
- ハウスクリーニングの紹介、手配

・その他、住みかえ前の準備全般のサポート

また、住みかえ後の生活サポートでは次のサービスがある。

・すまいに関するトラブルの相談、対応
・防犯に関する相談、対策実施
・子供の見守り、シニアセキュリティ
・地域情報等、各種情報配信
・介護、デイサービス
・ホームコンビニエンスサービス
・その他、住みかえ後の生活全般のサポート

SDGs目標12のターゲット12.5「2030年までに、廃棄物の発生防止、削減、再生利用及び再利用により、廃棄物の発生を大幅に削減する」への適応では、東急グループ各社においてリサイクル運動が展開されている。たとえば、東急ストアーは、ネットスーパー事業でリサイクル資源回収サービスを実施している。東急グルメフロントは、そば等の残りを堆肥に再資源化し食品リサイクルを推進している。東急リネンサプライは、リネン類の洗濯排水をリサイクルし、使用水量を80％削減している。世紀東急工業は、雨水再利用のエコプランターで街の美化とリサイクルを推進している。

SDGs目標13のターゲット13.3「気候変動の緩和、適応、影響軽減及び早期警戒に関する教育、啓発、人 的能力及び制度機能を改善する」への適応では、二子玉川ライズなどのまちづくりにおいて、積極的に屋上庭園などの緑化を行い、ヒートアイランド現象の抑制を図っている。

## 東急によるクリーンエネルギー利用

SDGs「17の目標」において、7番目の目標に「エネルギーをみんなにそしてクリーンに」がある。化石燃料を使うことで発電を行う火力発電などによる環境への影響は、地球温暖化という深刻なものとなっている。一方で、世界では約11億人もの人々が電気を使うことができない状況にあるという。

そのため、世界中すべての人々が、安価かつ信頼のおける持続可能な近代エネルギーにアクセス可能な環境を用意するためには、再生可能エネルギーへのシフトが必要不可欠となっている。

SDGsにおけるクリーンエネルギーとは、地球温暖化の要因とされている「二酸化炭素」や大気汚染の一因となっている「硫黄酸化物」などを排出せずに生成される、環境に優しいエネルギーを指す。化石燃料に代わってバイオマス熱を利用する「新エネルギー」や、風力や水力、太陽光発電といった半永久的に利用可能である「再生可能エネルギー」も、クリーンエネルギーとして期待を集めている。

日本でも現在、こういったクリーンエネルギーを積極的に扱っている「新電力会社」が注目されている。2014年6月11日、電力小売全面自由化を実施するために必要な「電気の安定供給を確保すること」、「電気料金を最大限抑制すること」、「電気利用の選択肢や企業の事業機会を拡大すること」の3つを目的として「改正電気事業法」が成立した。

この法律により、これまで東京は東京電力、大阪は関西電力など、地域ごとに電気の購入先が決まっていたのが、2016年4月より自由化となり、携帯電話の会社を選ぶように、サービスや価格を元に消費者が電力会社を選択できるようになった。

SDGsアジェンダ2030の着地点である持続可能な社会を創出するためには、政府や企業だけが参加しても問題は解決しないことは明らかである。1人ひとりが積極的にSDGsに参加する必要があるが、個人がこの新電力会社を検討・導入することも、SDGsへ参加すること大きなステップとなる。

東急は、2016年4月の電力小売全面自由化を機に、株式会社東急パワーサプライを立ち上げて、東急沿線住民へ「東急でんき」のサービスを開始した。また、2018年7月から都市ガスサービスの販売を開始している。

東急パワーサプライは、「新しい生活体験を、エネルギーとともに」の企業スローガンのもと、電気とガスのサービスを通じて、エネルギーと暮らしの新しい関係づくりに取組んでいる。世田谷線の100％再生可能エネルギーによる運行のサポート2019年に開始している。

## 6　結び

東急グループのグリーンインフラに着目した経営戦略は、渋沢によって設立された田園都市株式会社に始まった。渋沢が目指した日本型田園都市構想は、鉄道事業により確立された。経営を引き継いだ五島が、渋沢が着想の原点としたハワードの田園都市理論を日本独自の田園都市として実現した。

東急グループは創業以来、公共交通整備と住宅地開発を両輪として、この田園都市構想を実現してきたことになる。そしてそれは 21 世紀になって新しいまちづくりの評価基準となるグリーンインフラを先取りしていた。本編では、この不動産開発事業と鉄道事業の両輪によって進められてグリーンインフラに着目した東急の経営戦略が、田園都市構想を原点としていることを明らかにすることを試みたものである。

第 2 章の東急株式会社の歴史の考察では、東急が田園都市構想を進める中で、新たなる経営戦略の目標が総合生活産業へとグループを再編成していったことが確認できた。それは、2019 年 9 月に東京急行電鉄が商号を東急に変更したことに象徴されている。

これまで東急が主業にしてきた鉄軌道事業は、10 月に分社化して東急電鉄が引き継いだ。東急は渋谷をターミナルに、東京南西部や神奈川県にかけて路線網を有する。東京の大手私鉄の中で、東急の路線規模は決して大きくないが、鉄道と連携した不動産事業は順調に業績を伸ばしてきた。吉田は大手私鉄の事業展開における類型において、東急だけを非関連型に分類した。

これは、東急が拠点の渋谷のみならず東京圏をはじめとする都市開発の主要プレイヤーになっていることからも納得できるものである。そう考えると、鉄道事業を子会社に、不動産部門を親会社に担わせる東急の分社化は、田園都市株式会社へのいわば原点回帰とも受け取れるものである。

渋沢の田園都市株式会社が発足した当時の東京では、大半の人々は農業や町工場、個人商店で生計を立てていた。生活と仕事の場は「家」であり、家の家業を継ぐことが優先された。この時代の人々の感覚では、郊外に家を購入するという概念は薄かったのである。そのため渋沢が思い描いていた庶民が田園都市に家を構えるという生活様式は、そうした事情から郊外では成り立たないものであった。

ここに渋沢が目指したハワードの提唱した緑豊かな田園都市と日本人の生活様式との間に大きな矛盾があったのである。そこで渋沢は、このハワードによって具現化された職住近接の街づくりに対して、鉄道事業による郊外に新しい街をつくることで、日本型田園都市として緑豊かな住宅都市を目指したのである。

その後、田園都市株式会社による日本型田園都市建設事業は、子会社の目黒蒲田電鉄株式会社とその姉妹会社の東京急行電鉄に引き継がれることになった。渋沢は 1922 年に鉄道院出身の五島慶太を日本型田園都市構想の事業推進の責任者に抜擢した。そして五島は、東京急行電鉄の母体となる目黒蒲田電鉄の専務に就任し、東京急行電鉄の事実上の創業者となった。五島が手掛けた田園調布は、すぐに私鉄の住宅地開発の模範とされた。他の私鉄沿線においても田園調布を模した街が次々とつくられていった。

その後の東急電鉄グループの鉄道沿線開発にも渋沢の目指した田園都市構想は引き継がれることになる。他の大手私鉄各社が鉄道施設と沿線の不動産開発を行うことで、沿線の不動産含み資産を増やす経営戦略を展開したのと同様に、東急電鉄グループも沿線のまちづくりを進めることになるのだが、まちづくりのコンセプトに「田園都市」という明確な目標を描いたのは東急の他社にない特徴であった。

もう 1 つは、東急が進めた日本型田園都市の建設では、近年まちづくりのキーワードとして使われるグリーンインフラが取り入れられていると考えるが、東急の経営戦略において、沿線のまちづくりがどのように進められてきたのか、である。

東急が進めた日本型田園都市構想において、その特徴を遺憾なく発揮できたのが東急の主力路線であり、渋沢の理念をその線名に冠した田園都市線である。田園都市線は 1966 年に長津田駅まで延伸開業した。その後も小刻みに区間を延伸させて、現在の終着駅・中央林間駅は 1984 年に開業した。開発が始まった頃、多摩田園都市の居住人口は約 5 万。現在は 60 万人を超える。東京急行電鉄の力なくして、多摩田園都市の成長と発展はなかった。そして、この時期に目黒蒲田電鉄設立 50 周年を迎えた東京急行電鉄は、多摩田園都市の成長を緑の豊かさと関連づけて東急グリーニング運動を開始した。

東急の経営戦略としてグリーンインフラによるまちづくりが行われている例としては、東急が国際的な環境認証制度（LEED）の取得に取り組んでいることである。
LEED は、環境配慮型の建物や敷地利用が評価対象で、環境性能を様々な視点から評価が行われるもので、現在では世界標準的な環境認証となっている。LEED は新築・既存建物やインテリアなど 5 つの評価システムからなり、このうち「LEED ND：まちづくり部門）では、複合的なエリア開発の計画段階から設計・施工までが対象となっている。東急は町田市との協働で、2019 年に「南町田グランベリーパーク」に関して、複合的なエリア開発を対象とした LEED ND の、ゴールド予備認証を取得している。
また、東急の経営戦略としてグリーンインフラは新たなる方向性として、総合生活産業への深化が進められている。たとえば、21 世紀を迎えた東急は、沿線のまちづくりにおいて更なる安心安全、住まい手、働き手の満足度を向上させるハード、ソフト両面の展開を実施している。2004 年に東急セキュリティを設立して沿線の暮らし安心安全をサポートしている。2009 年には、住まいと暮らしのコンシェルジュを開業し、東急沿線の暮らしを幅広く支えていくために窓口を主要駅に開業した。
まちづくりでは、2011 年に自然との共生をテーマにした新しい街として二子玉川ライズを開業させた。2017 年には、横浜市と協働で次世代郊外まちづくり基本構想として、持続可能なまちづくりの一環である老朽化が進行するニュータウンの処方箋を発表した。東急の施設を例にすれば、1978 年に開業した東急嶮山スポーツガーデンを、あざみ野ガーデンズとして再生している。
東急が進めるグリーンインフラを基盤としたまちづくりは、SDGs アジェンダ 2030 にも呼応するものである。SDGs アジェンダ 2030 には 17 の目標があるが、東急が進めるグリーンインフラでは、その中で特に、目標 6「すべての人々の水と衛生の利用可能性と持続可能な管理を確保する」、目標 7「すべての人々の、安価かつ信頼できる持続可能な近代的エネルギーへのアクセスを確保する」、目標 9「強靭（レジリエント）なインフラ構築、包摂的かつ持続可能な産業化の促進及びイノベーションの推進を図る」、目標 11「包摂的で安全かつ強靭（レジリエント）で持続可能な都市及び人間居住を実現する」、目標 12「持続可能な生産消費形態を確保する」、目標 13「気候変動及びその影響を軽減するための緊急対策を講じる」、目標 15「陸域生態系の保護、回復、持続可能な利用の推進、持続可能な森林の経営、砂漠化への対処、ならびに土地の劣化の阻止・回復及び生物多様性の損失を阻止する」に適用している。

SDGs アジェンダ 2030 は、21 世紀的倫理と 21 世紀的経済のクロスロードに位置する。ガーナ出身のコフィー・A・アナン氏は第 7 代国連事務総長で、1997 年から 2006 年までの任期を務めたが、アナン氏が国連事務総長を務めた最後の年である 2006 年に、金融業界に向けた責任投資原則（PRI:Principles for Responsible Investment）を提唱した。そしてここで提唱されたのは、機関投資家が投資をする際に、ESG 課題を反映させることであった。

東急の経営戦略としてのグリーンインフによるまちづくりは、まさに ESG に対応するものである。東急は田園都市構想に期限をもち 100 年培われた ESG によりあらゆる方面からの PRI を呼び込むことで、新生活創造産業へと発展していくことが期待される。

渋沢は、藍玉の製造販売と養蚕を兼営して米、麦、野菜の生産も手がける百姓家の長男として 1840 年 2 月 13 日に生まれた。渋沢の家は、藍玉の原料の買い入れから製造、販売までを担うため、一般的な農家と異なり、常に算盤をはじく商業的な才覚が求められた。渋沢も父と共に信州や上州まで製品の藍玉を売り歩くほか、原料の藍葉の仕入調達にも携わった。

一方で渋沢は、5 歳の頃より父から漢籍の手ほどきを受け、7 歳の時には従兄の尾高惇忠の許に通い、「論語」を始め四書五経や「日本外史」を学んだ。渋沢は幼少期から「和魂」を身近に学んでいたのである。そして「和魂」を育んだ渋沢は青年となり、一橋家家臣平岡円四郎と出会うことで、一橋慶喜に仕えることになる。

1866 年、渋沢は、主君の慶喜が将軍となったことに伴って幕臣となる。1867 年に開催されたパリ万国博覧会に将軍の名代として出席する慶喜の異母弟の徳川昭武の随員として、渋沢は御勘定格陸軍付調役の肩書を得て、フランスへと渡航する。このとき渋沢は、パリ万博を視察したほか、欧州各国を訪問する昭武に随行することになった。

渋沢は、この欧州各地で先進的な産業や諸制度を見聞すると共に、近代社会のありように感銘を受けることになった。すなわち、このとき渋沢は「洋才」の洗礼を受けたのである。本章は、この渋谷の「和魂洋才」から SDGs をつむぎ出したものである。

## 頭字語のリスト

- COP : Conference of the Parties
- CSR : corporate social responsibility
- ESG : Environment Social Governance
- Iot : Internet of Things
- LEED : Leadership in Energy and Environmental Design
- LEED ND : LEED Neighborhood Development
- OVOP : One Village One Product movement
- PRI : Principles for Responsible Investment
- SDGs : Sustainable Development Goals
- UNFCCC : United Nations Framework Convention on Climate Change

## 参考文献


- エベネザー・ハワード、長素連訳（1968）「明日の田園都市」SD 選書、鹿島出版会
- エドワード・ベラミー、山本政喜訳（1953）「顧みれば」岩波文庫
- 齊木崇人（2019）「イギリスの田園都市レッチワースとニューガーデンシティー舞多聞の実験」武庫川女子大学生活美学研究所紀要 29 巻、59-75
- 飯沼一省（1927）「都市計画の理論と法制」
- 後藤新平研究会（2011）「震災復興後藤新平の 120 日―都市は市民がつくるもの―」藤原書店
- 西嶋啓一郎（2011）「都市設計者としての後藤新平が目指した都市像についての研究」2011 年度日本計画行政学会九州支部第 32 回（佐世保）大会の研究報告会要旨集
- 山本政喜訳（1953）「顧みれば」岩波文庫
- 中西健一（1979）「日本私有鉄道史研究：増補版」ミネルヴァ書房
- 廣岡治哉編（1987）「近代日本交通史」中西健一『大都市地域の形成と民営鉄道』

法政大学出版会
・吉田茂（1986）『交通産業の多角化：日本の交通産業を中心に』「運輸と経済」第46巻4号、p 27-36、
・吉田茂（1987）『交通産業の事業展開と戦略的意義』「運輸と経済」第47巻9号、p 4-16。
・東京急行電鉄株式会社（2019）「東急の都市経営戦略」『グリーンインフラから始まる未来の都市づくり』関東地方環境パートナーシップオフィス［関東EPO］主催のパネルディスカッション資料
・東急株式会社 H.P.「街づくりの軌跡」、https://www.109sumai.com/development/history.html

## 引用

38　東京急行電鉄株式会社（2019）「東急の都市経営戦略」『グリーンインフラから始まる未来の都市づくり』関東地方環境パートナーシップオフィス［関東EPO］主催のパネルディスカッション資料

39　社会資本整備重点計画は、社会資本整備重点計画法（2003年法律第20号）に基づき、社会資本整備事業を重点的、効果的かつ効率的に推進するために策定する計画で、2015年9月18日、第4次社会資本整備重点計画が閣議決定された。

40　国土形成計画法（1950年法律第205号）に基づき、2015年8月14日に国土形成計画（全国計画）の変更が閣議決定された。

41　日本の森林・林業施策の基本方針を定める森林・林業基本計画は、森林・林業基本法に基づき、森林・林業をめぐる情勢の変化等を踏まえ、おおむね5年ごとに変更することとされていて、2016年5月24日に新たな森林・林業基本計画が閣議決定された。

42　2013年12月11日に、強くしなやかな国民生活の実現を図るための防災・減災等に資する国土強靭化基本法が公布・施行され、2014年6月3日には、基本法に基づき、強靭な国づくりのためのいわば処方箋である国土強靭化基本計画が閣議決定された。さらに、取り組むべき具体的な個別施策等を示した国土強靭化アクションプランを国土強靭化推進本部においてこれまで4回決定するとともに、ほぼすべての都道府県で国土強靭化地域計画が策定されるなど、国土強靭化の取組は本格的な実行段階にある。

43　日本経済新聞電子版2018年3月8日「東北電、東急系電力に33% 出資 首都圏へ電力卸販売拡大」

# 第２編
# 平松守彦の一村一品運動

# 第1章

# 第二次世界大戦後の日本における生活改善運動

**【要旨】**

第二次世界大戦後の日本では、アメリカ軍を主体とした連合国占領下において、農村の封建的共同体の民主化・近代化を進める事業が、アメリカ式の教育的普及システムを日本にも導入することで実施された。

この事業を推進したのは、農村全体で展開された「生活改善運動」であった。それは占領政策下の新しい制度の構築で実施された。当時の農村で行われた種々の改善事業は、農林省の事業の他、厚生省管轄下の「栄養改善」、「産児制限」、「母子健康」、文部省管轄下の「社会教育」、「新生活運動」、「ホームプロジェクト」、自治体が中心となって推進した「環境衛生」など活動の形態も多様であった。

そしてこれらの活動によって大きな成果をあげたものとして、公衆衛生状況の飛躍的改善と女性の地位の漸進的向上をあげることができる。

この２つの成果はいずれも主として女性に対する働きかけの結果として成し遂げられたものであるが、その働きかけの担い手は、それぞれ厚生省傘下の「保健婦」と農林省傘下の「生活改良普及員」であった。保健婦と生活改良普及員は、戦後日本の農村開発において、行政(国家政策)と村人の「橋渡し」機能を果たしたという点で、最も重要な役割を果たしたといえる。

しかしながら、これらの農村生活改善の取り組みは簡単ではなかった。制度を担い農村生活改善を指導する吏員が、教えるべき技術を持たなかったことと、「考える農民をつくる」という目標とが相まって、現場で課題に向き合い解決するという「ボトムアップ手法」が取られたからである。

このため、日本の農村における生活改善は、県レベル・現場レベルでは、中央の指示を踏まえつつも、実情にあった地域の特色ある生活改善が展開された。

本章では、農林省に設置された生活改善課が主導する「農村生活改善」に焦点を当てることで、アメリカからもたらされた農村の生活改善という洋才を、和魂としての日本式手法での取り組みをみていく。

## 1　はじめに

日本の農村における生活改善は、明治近代国家の成立以降、断続的に国家によって進められた。日本の「生活」は「洋風」のものや科学知識の導入・定着や都市化・工業化の影響を受けて大きく変化した。そして様々な「生活改善運動」で呼びかけられた改善策の普及および変遷が論じられてきた。しかしながら、現代に続く生活改善普及事業が制度化されたのは、第二次大戦後の連合軍の占領政策下で開始されたものであるということには異論はないと思われる。

第二次大戦後においては、敗戦という状況下で、連合国軍最高司令官総司令部（以下 GHQ = General Headquarters の略）の意向が大きく作用して行われ、それは封建的共同体の民主化・近代化が主な目的であった。その特徴は、具体的で実践的な衣食住に関わる生活技術を通して、価値観や生き方を変えていくという点にある。生活改善は単なる社会的疲弊からの復興施策にとどまらない、人の生き方や社会のあり方、個々人の欲望をも変える大実験だったと言える。

外部からの介入によって行われる生活改善とは、結果と原因の逆転である。欠乏が先にあるのではなく、国家（あるいは援助側）が民衆に対して「善き生活」という理想を提示することで欠乏をつくりだし、改善をせまるのである。生活改善とは、強制ではなく、人々の内側から変えていこうとするものである。したがって、強い反発が起こることなく、知らず知らずのうちに「改善する側」の意向に沿うようになっていくという方法である。

本章では、GHQ 主導で進められた第二次大戦後の日本の農村における生活改善運動の理念と展開について見ていく。

## 2　日本における第二次大戦後の農村の状況

### 戦後の日本の民主化と農村の生活改善運動

敗戦によって国民的なアイデンティティと自信を失いかけたこの時代にあって、国民が希望を持ってすがったのは、GHQ が唱道する「民主化」、「民主的日本の建設」というスローカンであった。戦勝国連合国軍最高司令官として絶対的な権力を持って占領地日本の統治を行ったマッカーサー元帥(アメリカ太平洋陸軍総司令官)は、日本再建の柱に「民主化」を据え、理想主義的とさえ言える社会改革の方向性を示した。そして民主国家日本を実現するためには都市住民のみならず、当時の人口の 7 割を占める農村住民にまでこの精神を浸透させることが必要であった。

しかしながら、旧来の社会構造と「因習」を温存している農村を民主化することは容易ではなく、通常の指導通達や学校教育では不十分であり、農村住民に対するより直接的な働きかけが必要とされた。その際に、封建制度以来最も虐げられていた農村女性にターゲットを絞り、彼女らの「解放」のエネルギーを社会変革に活用する戦略が立てられた。この目的のための手段として、農村女性を対象とする「生活改良普及員」の制度が持ち込まれた。

当初、農林省の内部には、これまで全く同省の守備範囲になかつた「生活」を取り上げ、しかも「女性」を主たる対象とする活動を行うことへの抵抗が大きかったとしいう [43]。

しかし当時の日本においては、「民主化」は神の声であり、このスローガンに対して正面から反対することができるものはなかった。これは旧秩序を守りたい人々にとっては不愉快な現実であるが、逆に「男女同権」を目指して声をあげたい女性たちにとっては、このスローガンを用いることは、彼女たちの活動に問答無用の正統性を与える「錦の御旗」の役割を果たした。

確かにこれは「外から与えられた」目標であった。しかしながら、農村にあってそれは必ずしも「強いられた改革」として否定的な評価のみであったわけではない。戦前・戦中と軍国主義体制の中で抑圧されてきた農民の間には「解放へのエネルギーj が蓄積されており、それがこの「時代の雰囲気」

を得て一気に開花して改善、改革、開発にへと駆り立てる原動力となったのである。この意味で「民主化」は弱者のエネルギーを集積させる磁石のような役割を持ったスローガンであったと考えられる。

とはいえ、女性の意識改革、農村の意識改革は一朝一夕に成し遂げられるものではない。また「民主化」はあまりに抽象的な概念であり、具体的で目に見える活動を通してでなければ人々は納得しない。そこに登場したエントリーポイントが「生活改善」であった。

日常生活の中には伝統の一部とされるしきたりや役割分担が多い。それらは伝統的な生産技術や生活技術体系に基礎をおいたものなので、新しい生産技術、生活習慣を取り入れることによって、現実にそぐわないものになっていく。こうして「因習」を改める契機が訪れ、しきたりを改めることによって、農家の女性が置かれていた過重労働から抜け出す突破口を見出すことができる。それが女性の地位向上にむすびつき、さらにこうした具体的な成果の積み重ねが農村の民主化へ繋がることが期待されたのである。

なお、農村における生活改善というと、農林省が実施した「農村生活改善事業」だけが対象であるかのように誤解されがちである。たしかに「生活改善」の主たる働きかけは全国に配置された女性の生活改善普及員たちによって担われた。

しかしながら、「戦後日本の農村開発経験」の文脈で研究対象とすべきは、行政的な意味での「事業」ではなく、農村全体で展開されていた生活改善の「運動」である。ここで「運動」という言葉は、行政によって計画され実施されていく「事業」に対して、住民が行政の働きかけに自主的に呼応する形で、あるいは全く独自に主体的に選び取って、様々な生活改善の営みを実施したことを合意している。

また「事業」についてみても、当時の農村で行われていた種々の改善事業は、農林省のみが担っていたのではなく、厚生省管轄下の「栄養改善」、「産児制限」、「母子健康」、文部省管轄下の「社会教育」、「新生活運動」、「ホームプロジェクト」、自治体が中心となって推進した「環境衛生」など、様々なセクターをカバーし、活動の形態も多様であった。

そしてこれらは農村住民にとってはどの省庁の事業であるかに関係なく、

一様に「生活改善」の一環として取り組まれていた。

### 農村女性の地位向上

第二次大戦後の復興期の日本の農村は、GHQによる農地改革及び農業協同組合の創設を通じた農村民主化路線が敷かれたが、農村生活それ自身はそれまでのものと大きく変わらず、衣、食、及び光熱分野においては自給自足を残し、家族労働に依存した生活が営まれていた。

板垣邦子は、「日本の農村女性の境遇と婦人会―照和大恐慌から戦後へ」歴史評論第612号において、日本の農村においては男性家長が、農業と「家事」のすべてに指揮権と管理権を持っており、農村女性は「奴隷」的な待遇であったと報告している。

しかし、1950年月に勃発した朝鮮戦争に伴い、在韓米軍・在日米軍から日本に発注された物資やサービスによる特需を契機に、1955年以降は都市工業部門の再生・発展が起こり、都市近郊の零細・小規模農家の兼業機会の増加、このほか山間地域の農家での若年農業労働人口の都市流出による集落営農の機能低下が促進された。

また、1952年当時、婦人参政権の確立や労働基準法など法的整備や労働組合組織など拡大に伴い、都市部の家庭婦人あるいは労働婦人は、女性としての地位を次第に確立してきた。これと比較して農村婦人の生活は、「遅れている」との認識があった。

労働省婦人少年局が婦人関係資料シリーズの調査資料NO.7としてまとめた「農村婦人の生活」は、農業経営の形態、村の地理学位置、都市部と関係性を留意し、調査対象地域を設定しており、その当時の女性の地位と役割を概観するための示唆に富む資料を提供している。

この調査は、労働省の所管で行われたもので、社会学的な視点から、農業経営の形態の異なる5地域（図表57参照）を対象に、農村婦人が置かれている実像を次の3つの視点で描きだそうとしたものである[45]。

①村の社会構造および農業経営に占める婦人の割合

②家庭における婦人の地位

③農村婦人の生活意識

**【図表 57　「農村婦人の生活」（1952）の調査地】**

| 農業経営形態 | 地域概略 | 調査地 | 現在の行政区 | 調査数・499件 |
|---|---|---|---|---|
| 単作水田地帯 | 山形庄内平野 | 山形県東田川郡大和村 | 庄内町 | 150 |
| 二毛作水田地帯 | 岡山水田地帯 | 岡山県都窪郡常盤村 | 総社市 | 88 |
| 養蚕地帯 | 群馬山間部 | 群馬県甘楽郡額部村 | 富岡市 | 108 |
| 商業的蔬菜栽培 | 愛知名古屋近郊 | 愛知県西春日井郡春日村 | 清須市 | 85 |
| 山間畑作 | 岩手山村 | 岩手県下閉伊郡田野畑村 | 田野は田村 | 68 |

（出典）労働省婦人少年局編（1952）「農村婦人の生活」を基に著者作成

労働省婦人少年局によって実施された「農村婦人の生活」に関する調査結果の一部を次に記す。

① 農業に従事している男女比は、5つの村の平均で女性が多く、農業が女性の労働力によって支えられていた。その傾向は、男性が家計を維持してゆくために農業外の収入を求めての出稼ぎ、山林労働に従事する傾向のあるところほど顕著である。しかし、農業経営への発言権はないに等しい。

② 労働はつらいが仕事を楽にするには、働き手を増やす、機械や牛馬を使用すればよいとの意見が支配的で、共同作業には大半の婦人が反対であった。共同化は労働評価に対する不満と自由の束縛から反対を唱える者が半数を占め、肯定する者は農繁期の共同化のみに限定される傾向があった。

③ 農村婦人は、結婚後、家に縛られ、隣接する集落でさえ積極的な交流がなく、観光として県外への旅行を経験しているものはほとんどいない。そのため集落内での集まりは世間話に興じる楽しみの時間であった。集団は、伝統的な講（念仏講、地蔵講、御待合講など）、戦時体制を支えた大日本婦人会の流れをくむ婦人会、それに青年会などがあった。婦人会は、基本的に各家（世帯）を代表する1名が加入し運営されたが、グループの長や役員の選出には伝統的な経済的社会的な構造、すなわち家の格が作用していた。婦人会や講への参加は、寄り合い後の持ちによる食事を囲んでの楽しみの場があるからで、労働や家から解放される非日常的な時空間であった。そこでは、人間関係を損なわない関係性の再確認がなされていた。なお、報告書では、生活改善グループや農業協同組合の婦人部会の活動が次第に活発化しているとしつつも、農協に女性が加入できることや、その事

業の内容を知らない割合が全体平均で 50% を超えていた。

④　個人の生活で楽しみあるいは生きがいに当たることは、健康で生き続けること、子どもの成長、実家に帰る、裁縫である。ラジオの所有は 73% であったが、娯楽がないとの分析がなされている。「娯楽としてあげるにはあまりに生活的なものばかりで、これらをたのしみとする農村生活は、そのまま文化の低さをしめしているといえるであろう」との記述がある。

⑤　物質文化の改善は、地域により差異がみられた。生活の基本となる食では、山間地で食糧事情の厳しい状況が見て取れる。配給制度になってから岩手県山村では日常の食事では稗：麦：米＝ 3.5：3.5：3 で炊きこまれ、正月に米を食べることを楽しみとしてあげている。群馬県山間部の村では 3 度に 1 度キリコミ煮込みうどんを食べている。生活インフラでは、群馬では村民の努力により水道が設置され、岡山ではかまどの改善から便所の改良さらには子供部屋をつくるなど取り組みが萌芽している。

⑥　性別による参政権の差別がなくなったなか、1950 年 6 月の参議院選挙の投票率の資料を引いて分析している。女性の投票率が 37％の田野畑村（岩手県）を除いて他の集落は全国平均投票 66.7% を越えているが、候補者の選択は家族との相談（27%）人にすすめられた者（4%）で投票を自身の判断で行ったかは言い難い、と述べている。ちなみに 5 つの村に女性議員は誰も選出されていない。

この報告では、男女同権、参政権は戦後民主化のスローガンは普及しているが、被選挙権、均分相続、結婚、離婚の自由などについて語る女性は極めて少ないと報告している。しかし、一部の村落では婦人の集会への積極的な参加、そこでの積極的な発言が見られ、婦人の地位の向上が認められた。とくに都市近郊農村の春日村（愛知県）では女子の集会参加率が高かったと報告している。

## 3　第二次大戦後の日本における農村復興の取り組み

### 農地改革

農地改革は、農地の所有者の変更や法制度の変更などの農地を巡る改革運動で、農地解体あるいは農地開放ともいわれる。1945年12月にGHQ最高司令官マッカーサーによって、日本政府にSCAPIN-411「農地改革に関する覚書」が送られた。これには「数世紀にわたる封建的圧制の下、日本農民を奴隷化してきた経済的桎梏を打破する」ことが指示されていた[46]。これ以前に日本政府により国会に提案されていた第一次農地改革法は、この後GHQに拒否され、日本政府はこの指示により、徹底的な第二次農地改革法を作成することとなった。そしてGHQの指導の下で、1946年10月に成立した「自作農創設特別措置法」及び「農地調整法（1938年）の第2次改正」をもって農地改革は実施された。

5年に渡った農地改革は厳格かつ徹底的に行われ、明治以来の日本の農村社会で支配的であった地主・小作制は消滅した。それまでの日本の近代化の過程においても、農村の疲弊を打開するために地主制度を解体する考えはあったが、財界人や皇族・華族といった地主層の抵抗が強く実施できなかったものが、敗戦という大きな国体の変化において、外的要因であるGHQによって実現したといえる。この外的要因による日本の農地改革は、農村の民主化において稀な成功した例といえる。

しかしながら、本論で留意したい点は、農地改革のプログラムそれ自身は農業の生産構造に関して明確な将来展望を含んでいなかった点である。もちろんこの点をもって農地改革を批判することが本書の目的ではない。農地改革の成果は農村の民主化と政治的な安定にあったからである。その主旨は上記GHQが日本政府に送ったSCAPIN-411「農地改革に関する覚書」に明確に示されている。

農地改革で実際に行われたことは、農地の所有権が農地の耕作者に移転されたことであり、したがって零細な小作農がその経営規模を変えることなく零細な自作農になったにすぎない。当然、戦前以来の農業生産構造に変化は生じなかった。むしろ地主制度の崩壊で小規模農家が増加した。もちろん、農地改革当時の農業生産は機械化が進んでおらず、経営耕地規模に関する規模の経済はほとんど存在していなかったので、零細性そのものが直ちに不利な条件になることはなかった。また、農地改革によって耕作地の所有権を取得した元小作農の経営意欲を引き出したことが、戦後の日本の農業の成長につながったという見解もある。

本書では、戦後のGHQの指導で実施された農業普及制度が、現場の様々創意工夫により農村の意識改革が助成したことで、農業の成長につながった事例を考察するものである。現在、多くの開発途上国が持続可能な農業を目指す中で、GHQの指導という外的要因による新制度構築による戦後の日本の農村の成長の原因の一端を解明することは、SDGsの目標17「パートナーシップで目標を達成する」への手がかりになると考えるからである。

## 農業協同組合

農業協同組合（以下農協）は、農業者によって組織された協同組合である。また農協は、農業協同組合法に基づく法人であり、事業内容などがこの法律によって制限・規定されている。戦後の農地改革の一環として、GHQは欧米型の農業協同組合（行政から独立しており、自主的に組織できる）をつくろうとしたが、当時の食料行政は深刻な食糧難の中で、食料を統制・管理する必要があった。そのため、1948年、既存の農業会を改組する形で農協が発足した[47]。その際に、「協」を図案化した円形の「農協マーク」が制定された。1992年4月からは、「農協マーク」に代わり、「JA（Japan Agricultural Cooperatives)」の名称や「JAマーク」を使い始める。

このような設立の経緯から、農民の自主的運営というよりは、上意下達の組織という側面をもっている。現在の農協の土台となる事業は、営農指導と生活指導であるが、市町村の平成の大合併や農協組織の広域合併が大きく進むなか、営農指導員、生活指導員は削減され、農業・農村の活性化に大きく貢献してきた地方自治体の農業改良普及員も多機能化と減員の途をたどっており、地域農業の牽引役の役割の再構築が喫緊の課題となってきている。

営農指導は、個々の農家の技術・経営の指導であるが、具体的には、地域農業戦略の策定、農地利用調整、生産部会活動支援等、営農企画業務などの指導を行っている。

また、近年では、担い手の育成・確保、環境保全型農業の推進、安全な農畜産物の生産指導、農作業安全確保のための取り組み等の役割も重要になっているため、営農指導員には、農村の生産活動を支援するコア人材として、多様化した農協営農経済事業の牽引が求められるところであるが、農協組織の人事制度構築から、3年程度の任期や担当期間では「組合員に寄り添った支援」や「独自の技術体系の確立」は困難であり、組合員の支持を得るまでには至っていないとも言える。加えて、団塊世代の退職や事業に精通した人材の他部門流出から、将来の産地戦略・生産戦略を構築するうえで大きな課題となっている。

生活指導事業は、組合員の生活全般について、生活指導員が農村生活向上のためのアドバイスを行うもので、組合員や地域住民の生活改善と向上を図る役割を果たしてきた。しかし現在では、組合員や地域住民の生活様式やニーズが多様化し、組合員や地域住民のくらしの各分野を支援する「くらしの活動[48]」として取り組むことが多くなっている。農協の生活指導員についても、農協組織の一員として営農指導員と同じ課題がある。

### 農業普及制度

第二次大戦後の日本では、都市で多くの栄養失調死が発生し、都市から農村への食料買い出し列車が満員の人々を運ぶ「食料難」を乗り切るため、「食料増産」とりわけ「米の増産」が何よりも必要であった。そのためGHQの農業・農村に対する政策は、まず「農村の民営化」の名の下に進められ、農地改革、農業協同組合の設立に加えて、農業普及制度導入が3本柱になっていた。

農業普及は、1948年に公布された農業改良助長法に基づき、中央政府と都道府県との協同農業普及事業として発足した。農業改良助長法によって再編された日本の農業普及制度は米国に倣い、3つのターゲット・グループ別に事業を展開した。それは男性に対する農業改良、女性に対する生活改善、若者に対する青少年育成（4Hクラブ活動[49]）の3事業であり、これにより農村全人口が普及対象に取り込まれることになった。

このうち、女性に対する生活改善は、農家の生活技術の向上を通じて、「農家の生活を良くし、考える農民を育成」することを目的としていた[50]。先に述べた労働省婦人少年局の調査（1952）の結果からの社会福祉的な視点からも、農村と都市の生活格差は明らかであり、当時の農村の生活は電気こそ部分的に存在したとしても、水道、ガスなどはほとんどなく、川や泉などからの水汲み、薪集めを必要とするカマドを利用しての炊事など、女性の家事労働を取り巻く環境は劣悪であったから、こうした女性たちの生活改善を目指すことは、社会的公正の視点からも正当化されうるものであった。

この考えの背景には、食料の増産には、農業労働力が不可欠であり、その農業労働力が健康であることが増産の鍵になるという理由があった。したがって農村の生活が明るく健康的であることは、日本の農業にとって死活的に重要である、との理由づけが農業技術、生産技術を教える「農業改良普及員」とならんで「生活改良普及員」が必要であることとなり、「生産」と「生活」は車の両輪であるということになった。

このため、農業改良助長法に基づき農業改良普及制度が設けられた。この制度では、普及指導活動を行うための普及職員として、改良普及員が一定の基準により全国的に配置されることになった。改良普及員は専門によって、農業技術指導を担当する農業改良普及員と農家の生活技術指導を担当する生活改良普及員とに分かれている。

## 4　生活改善運動

### 「生活改良普及員」制度と役割

本家のアメリカの制度では、家政学を学んだ女性が生活改良普及員になることができたのだが、当時の日本では家政学の高等教育機関はほとんどなかったため、1949 年に普及事業が本格的にスタートしたとき新たにリクルートされた生活改良普及員は、教員や栄養士の資格のあるものがほとんどであった。

1949 年 2 月、各都道府県で第 1 回改良普及員資格試験が実施された。普及員はこの資格試験合格者のなかから都道府県の職員として任用された。女性である生活改良普及員は、男性である農業改良普及員とともに普及事業に当たるのだが、農業に関する具体的な技術と知識を持つ農改普及員に比べて、生活改良普及員は具体的な技術は何もなく、また対象が「生活」という漠然としたものであったために、どのように普及事業に取り組めばよいのかに、大きなとまどいがあり、また農業改良普及員からの理解も得られにくかったという[51]。

こうして生活改良普及員自身が教えるべき技術を持たなかったことと、「考える農民をつくる」という目標とが相まって、「ボトムアップ手法」が取られた。この考えの背景には、GHQが求めた封建的共同体の民主化・近代化にあたって、すべての人が意見を表明し、多くの人の合意のもとに何らかの行動が決定されていくプロセスがあったと考えられる。普及員は、村の女性たちに比べて比較的教育程度が高い場合が多く、「先生」と呼ばれることが多かったが、決して高圧的、指導的態度を取らないように指示され、僻村に行く場合には農家に泊まり込むなどして村人との信頼関係構築に努めた。このため、「まず村を歩き回り、女性と話をし、村の生活を把握する」というフィールドワーク活動が繰り返された。

GHQは、日本再建の柱に「民主化」を据え、それを都市のみならず、人口の7割を占める全国の農村の津々浦々にまで浸透させることが必要であると考えたわけである。そして、因習と旧来の社会構造を温存している農村を民主化するのは、通常のやり方では不可能であり、これまで最も虐げられていた女性にターゲットを絞り、彼女らの「解放」のエネルギーを社会変革に活用しようとしたと考えられる。そのための最も明確な手段として、農村婦人を対象とする「生活改良普及員」の制度を取り入れたのである。

生活改良普及員の役割は、決して女性たちの「指導者」になることではなかった。普及員は、日常生活にある様々な問題点を、女性たち自身が気づき、これを問題として認識するまでの、「ファシリテーター」の役割を果たすことが期待された。もちろん「かまど改良」、「改良作業着」、「栄養価のある料理」などの新しい工夫を紹介はするが、それは女性たちが現存のカマドの問題点、作業衣の不便さ、日々の食事の問題点などに気づいて、改善の方向を模索し始めてからのことであり、はじめから「カマドの改善が必要である」と押しつけたのではない。

また、生活改良普及員は、生活全般に関するすべての知識を持っていたわけではないので、必要な知識・技術を農業改良普及員や他の行政機関から仕入れて紹介したり、他の集落で行われている生活改善の試みを紹介したりする「仲介者」としての機能も担っていたと考えられる。農業技術についてはこのような機能を持つ人は戦前から存在したが[52]、生活技術に関しては、当時の農村婦人が、今のように頻繁にそして自由に農村部を移動することはなかったので、情報が伝わりにくかったと思われる。

当時の生活改善普及員には自転車という近代的な道具が与えられていた。生活改良普及員は、この自転車を使って農村部の女性コミュニティの間を自由に移動することができたことで、情報の共有が可能になったと考えられる。

制度発足の1年後の1949年には、こうした生活改良普及員を後方支援する目的で、県ごとに「専門技術員」が配置された。専門技術員は、衣、食、住、普及技術のそれぞれの専門知識を身につけ、生活改良普及員に対してアドバイスをする体制が整えられると共に、これら専門技術員は、定期的に東京で研修を受けることになった。また、生活改良普及員の再教育も実施されていた。1951年度末における生活改良普及員の学歴別構成をみると、女子専門学校卒が26%、専門学校に準ずる学校卒が25%、高等女学校卒が45%、その他が4%となっている[53]。当時の女子の高等教育進学率を考えると、生活改良普及員の高学歴が伺える。

東京の農林省にあって全国に向かって普及方法についての指示を出したのは、1948年11月に農林省に設置された生活改善課であった。GHQ天然資源局の指示で生活改善課の初代課長に就任したのは、戦前ワシントン州立大学に留学し家政学を修めていた大森松代であった[54]。

GHQが大森に期待したのは、アメリカ式の教育的普及システムを日本にも導入することであった。大森は、東京での研修では、新任普及員たちにアメリカ式の生活の指導を行った。大森以降の歴代生活改善課長(すべて女性)たちも、日本の教育学、社会学などの学者を動員して、日本の風土にあった普及方法の開発に努めた[55]。

大森の登用は、農林省の事業に技術畑でない学者の応援を頼むことはそれまでは稀であった。それは「生活」という未知の分野を取り込まざるをえなかった当時の農林省において、一種の実験だったと考えられる。しかし、このような中央からの統一された指導を、末端の普及員がそのまま実践したのではない。南北に長い日本列島では、気候と同様農業の内容も異なるし、西日本と東日本では、農村の成り立ちも異なっている。このため、県レベル・

現場レベルでは、中央の指示を踏まえつつも、生活改良普及員たちは、自分たちの実情にあった形にローカライゼーションしていったと考えられる。

### 「生活改良普及員」から「普及指導員」へ

1991年には「農業関係」と「生活関係」の普及指導活動のより一体的な推進を図る観点から、農業改良普及員と生活改良普及員という呼称区分を廃止し「改良普及員」とされた。そして2004年5月に改正された農業改良助長法に基づいて、改良普及員と専門技術員という普及職員が、普及指導員に名前を統合されたことをきっかけに、2005年からこの2つの資格を廃止し、普及指導員資格試験として、都道府県がそれぞれ行っていたのを国が行うようになった。

現在、普及指導員は農業改良助長法を根拠法とし、国家資格をもつ地方公務員（県職員）である（身分は都道府県職員であるが国庫補助職員であり、給与は国が4割、県が6割を負担する）。普及指導員は、農家に直接接し、農業技術の指導、経営相談への対応、農業に関する情報提供などを通じ、農業者の農業技術や経営を向上するための支援を専門としている。また、国や都道府県の制度の周知や遵守等（農薬の適正使用の指導等）を技術面からサポートする役割を担っている。

普及指導員資格所有者が普及指導員として活動するためには、各都道府県の農業職として採用された上で、普及指導センター等に配属される必要がある。しかし、普及指導員資格を有していなくても、普及指導員の監督下で農業等の技術についての普及指導に携わることは可能である。普及指導員の拠点である普及指導センターは、「～普及所」「～普及課」等、都道府県によって名称が異なる。2017年時点での普及指導センターは、日本全体で計360箇所、支所・駐在所121箇所、普及に携わる職員は7,331名、うち普及指導員の資格を持つ職員は6,234名である[56]。

現在、普及指導員資格は、6次産業化等を進める農業者からの幅広いニーズに対応できるように、農産物の加工や販売などの2次・3次産業と関連のある事業・制度に見識を有する多様な人材を、即戦力として普及指導員に任用できるように見直しが行われている。

### 女性の組織化・集団化

戦後農村の生活改善運動で、行われた女性の組織化・集団化では、「社会的圧力からの集団防衛」、「くじけそうになるときの励まし合い」という精神的な効果がより重要であった。

それは、旧来の社会構造と「因習」を温存している農村を民主化することは容易ではなかったからである。

個人や集団が、自らの生活への統御感を獲得し、組織的、社会的、構造に外郭的な影響を与えるようになるエンパワメント（湧活）という考え方がある。この考えは、社会や組織の１人ひとりが、抑圧されることなく力を付けることで、大きな影響を与えるようになることとも理解できる。

「ひとりでできないことも、グループで力を合わせれば可能になる」、「集まって話をすること自体が力づけになる」、「グループによって自分は育てられた」など、人びとに夢や希望を与え、勇気づけ、人が本来持っている生きる力を湧き出させることと定義される。したがって、現在途上国援助で指摘される「エンパワメント」義論に相通ずるものがあると考えられる。

戦後の日本の女性の組織化・集団化に関しては、象徴的活動として「かまど改良」を挙げることができる。農村の停滞性は「伝統・封建的な因習に留まる」に根本的な問題が隠されているとし、それを解決する活動は、婦人の家事労働の中心にある台所におかれた。台所の改善によって婦人の家事労働を軽減し、生活に新たな選択肢を加え、個人ならびに家族の可能性を拡大するとの枠組みが見てとれる。

ひと口に「かまどの改善」と言ってもその方法は地域によって様々である。共通していたのは、「くど」にロストルや囲いをつけて燃焼効率を高めること、煙突をつけて煙が屋内に充満しないようにすることである。

たとえば、図表 58 の①のタイプの改良かまどは、手持ちの材料を使ってかなり安上がりにできる。だが、②のタイプの改良かまどの場合には、6000 ～ 8000 円はかかる。1950 年の年間平均農家所得は約 20 万円であるから、半月分に相当する。

そこで農家の女性たちが卵や兎などを売って、改良のための費用をまかなうということがしばしば行われた。

【図表 58　かまどの改善の例】

①簡単な改良かまど

かまのつば
えんとつ
ブリキでつくった蓋
粘土モルタルでかためる
5寸
4〜5寸
煉瓦
ロストル
もとのかまど
灰うけ
かまの中心とロストルの中心をずらす
（くど断面）

資料：「普及だより」
（第24号、昭和24年12月15日）

②居関式万能かまど（福井）

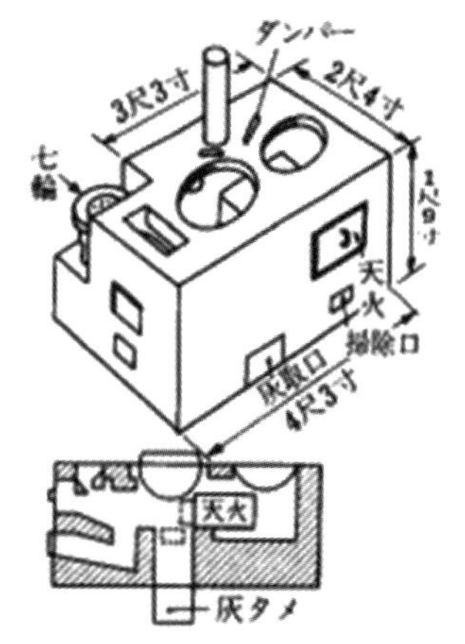


資料：竹内芳太郎代表編集
「図集・農家の台所」
（農山漁村文化協会、
昭和29年3月）、79ページ

（出典）市田（岩田）知子（1995）「生活改善普及事業の理念と展開」

農業総合研究第 49 巻第 2 号、p 31 図 4 を基に著者作成。

1951 年 9 月 27 日付けで、農業改良局普及部長通達「農家生活改善推進方策」が、「各都道府県部長宛」に出された。そこには、生活改善事業の「最終目標」は、「農家の家庭生活を改善向上することとあわせて農業生産の確保、農業経営の改善，農家婦人の地位の向上、農村民主化に寄与する」ことにあるとされた[57]。そして、生活改良普及員に向けた解説書には、問題の所在と原因との関係は、次のように記述されている[58]。

①私達の生活が暗いのは台所が暗いからだ

②生活がみじめなのは考える時間がないからだ

③生活が進歩しないのは封建的因習が強いからだ

上記の 3 項には、原因と結果の関係に論理的な対応は乏しく情緒的な表現であると言わざるをえないが、封建的な枠組みに縛られた生活が「進歩」

の思考の妨げになり、主体的な行動がとれないという図式が表されている。

活動のねらいは個人の主体性の確立であるが、組織の運営上の確認事項は、地域の社会状況を反映し、次の６つのような個別的な関係性や相互作用への配慮がなされている。

①無理をしない計画で改善の仕方・程度を各家々の経済事情と計画にそうように心かげること
②計画は綿密にたてるよう心がけること
③人真似でなく充分理解の上実行に移すこと
④家族全員の協力の下に行うこと
⑤婦人の手と力とをモットーにして自分の仕事という自覚のもとに、会の運営の民主化をはかり、できるだけ多くの役割を設け、責任を分担しあうこと
⑥助け合い、励し合い団結して落伍者のないよう努力すること

この台所改善にかかわる農村社会学的な分析と検証は、1956年に発刊された「台所改善よりみたる文化普及活動に関する調査」に詳しい。この報告書は、山形県西置賜郡鮎貝村（現：白鷹町）、茨城県久慈郡世喜村（大宮町に合併、現：常陸大宮市）、石川県羽咋郡堀松村（現：志賀町）、愛知県八名郡七郷村（南設楽郡鳳来町を経て、現：新城市）の台所改善の取り組みを調査し、農村の経済的、社会的、文化的な視点から分析がなされている。各村はこの運動を独自の視点から展開していったことが記述分析されている[59]。

この「かまど改良」では、据え付け作業を互いに助け合って順番に改良カマドを設置するグループをつくるところから始まった例が多かった。これは、家族や周囲の新しいカマド導入への抵抗、障踏を乗り越えるためには有効な戦術だったといえる。

また、「かまどの改良」では、事業の発足当初は生活改良普及員が農家を一軒一軒まわるという万法がとられていた。だが上記の1951年９月に出された「農家生活改善推進方策」には、「生活改良普及員の活動は地区内農家を対象にするが、その中から意欲の高まった数個の部落に対して、重点的に濃密指導を行なうこと」が示され、次第に普及の対象が、個別の農家から農家の集団へと移されることになった。

このような「濃密指導」がなされるようになったのは、普及の効率化のためだけではない。改善された生活を絶えず維持し、更に自分で問題を発見し創意を働かせつつ、これを解決するという「自主的」な農民を育成することが重要であるという観点から、まず意欲のあるところを重点的に指導し、そこに生活改善実行グループを育成して、普及活動の拠点にしようという意図に基づいていたのである。

## 生活改善実行グループの育成

1983年4月から1984年3月まで放送されたNHK連続テレビ小説「おしん」は、舞台は関東大震災の翌年、佐賀の農家嫁となった主人公が、「家のしきたり」や姑との関係で苦労する姿を描いた場面がある。物語はフィクションではあったが、主人公が身重の身体を酷使して日々の野良仕事を行い、土地の風習、家のしきたりに苦労し、遂には死産して精神を病み、家を出るという過酷さであった。

生活改善グループの発想自体は、すでに1951年以前の「普及だより[60]」の中に見られる。農家の婦人の場合、日々の農業労働の過酷さのために生活のことを考えるゆとりがなかったことが記されている。さらに「おしん」の物語のように「家」的家族関係のために、野良で世間話をすることすら非難の対象になった。そのためまず農家婦人に対して、外出するための「正当な」理由を与えることから始めなければならなかった。

「農家の婦人といえば、昔から夫の陰にかくれて台所の仕事と子どもの面倒をみる外には、ただもう労働に全心身を打込んで参りました。とくに農繁期ともなれば裁縫や洗濯などはかえりみられず、睡眠さえ充分とれないような状態が今なお続いております。(中略)このような人達に一ヶ月に一度でもいいから婦人の日をつくって、彼女らの望みを幾分でも叶えてあげることは出来ないものでせうか。この婦人の日は過重な農業労働から解放されて、それこそ望通りに、育児、炊事、裁縫に専念したり、また村や町で催される生活改善の講習会などに出席するようにして、おいしい料理の実習や新しい生活の知識がえられるようにしたいものです[61]」

この「月に一度の婦人の日」が、生活改善実行グループの会合として実現するものである。そして、この生活改善グループの発想もまた生活技術と同様に、アメリカの影響なしには起こり得なかった。アメリカに留学経験がある生活改善課の初代課長であった大森は、アメリカの貧困な農家と、その生活改善のために奔走する当地の普及員の活動について、次のような感想を述べている。

「トタン屋根の家は全体にゆがんでいてドアなどもかしいでいるので下の方にすきまが出来、風よけにキャンパスが張ってあるという始末です。台所兼食堂という部屋がありましたが只薪のストーブがあってそのヨコに鍋類が二つ三つかかっているだけでした。流しの設備もなく、どこで野菜の仕度やお皿洗いをするのかというと、出入口のさしかけの所に流し台があり、その横にバケツに水がくんであって、柄杓がはいっていました。お茶をいれましょうと言われましたが、いいえいいえとあわてて断わらなければならない程でした。この主婦であるおばあさんの服装もボロボロで丁度この家のようでした。オーヴァーのボタンは一つもなく破れたボタン穴に安全ピンを通してとめていました。(中略)この地区受け持ちの生活改良普及員は大変熱心な、しかもこの仕事をもう一二十年以上続けているという経験の深い人で、どの階層にもクラブをつくるように努力をして居ると言われました。特にこうした貧しい人たちのためにクラブをつくるように非常に苦心をしていられるのに感心しました[62]」

大森は 1950 年のアメリカ視察で、「クラブ」という農家に対する指導方法に大いに学ぶべき点を見いだした。上記の引用はその視察の感想である。

日本の農村の生活改善を目指す大森の目には、生活改良普及員も農家の主婦も、クラブ活動によって貧しさを克服しようとしていることが、当時のアメリカの中産階級家庭に普及していた電化製品に固まれた豊かな生活にもまして、尊いものとして映ったと思われる。

大森の帰国後も、1950 年から 57 年までの間、同課の職員や県の専門技術員が、農村や生活改善普及事業 (Extension of Home Economics) の視察や研修のために集中的に渡米している。

その大きな目的は、農村の女性からなる「クラブ」に対する指導方法を学ぶことであった。

### 考える農民の育成

農業改良局は、GHQの指導によって、「農業普及便覧」（初版1948年8月）を作成した。この便覧は、新しい普及制度についての知識を提供するために編集されたものであり、普及制度の理念にかかわる公的見解を示すものであった[63]。

またこの便覧は、普及事業の制度機構が具体化するにしたがって出てきた誤りを訂正して、翌年3月に改訂版が出された。この便覧の主張の最も特徴的な点は、「農家一人」が大きく前面に押し出されたことである。これは「農民の自主的立場」が配慮されたためである。そして、この主張を継承し、「考える農民」を明確に方向付けたのは、1950年11月に第2代農業改良局局長（1952年1月まで）になった小倉一郎であった。

アメリカの普及事業からヒントを得た生活改善グループは、本来的には、戦前からあるような上からの組織でなく、生活改善という特定の目的を共有する人々によって「自主的」に結成された集団である。その点では4Hクラブ、PTA、労働組合と共通している。いうまでもなく「自主的」という言葉には，当時の日本の指導者層の民主主義に対する熱い思いがこめられている。その端的な例が、小倉による「考える農民」であった。

生活改善グループは、まさに小倉が言うような「考える農民」からなる、あるいは「考える農民」を育てるための集団に他ならなかった。生活改善課の指導書には次のようなことが述べられている 。

「受入組織とか、受入体制という言葉が示すように、これは1つの事項の伝達を早くする場、或いは仕事促進の場として考えられてきたのです。隣組、部落会、婦人会、○○婦人部等みんな、何かの事項の伝達の場であり、仕事促進の場でありましょう。(中略)グループを育成するということが単なる仕事促進の場であり、受入体制として終わるならば普及事業の大きな柱の一つは立たないか、立つとしてもひどく貧弱なものとして終わるでありましょう」

このように「集団思考の場」であることによって、戦前からある婦人会のような「受入組織」、つまり全員加入式の集団と峻別された生活改善グループは、通常月一回程度の定期的な会合を持ち、生活改善課題をとりあげた。

生活改良普及員が重点的に普及を試みた課題ほど、多くの生活改善グループがその課題をとりあげた。

生活改善を協議する会合に際しては、特定のグループ員が主導権を握るのではなく、どのグループ員も一定の役割を果たし、自由に発言できるような場づくりが心掛けられた。そして特に、個々のグループ員が自分の頭で考え、かつ「実行」するということが重視された。

「かまど改良」にしても、資金面で最初は家族の反対に会う。だがグループ員の誰かが、かまどの改善をする。するとそれを見た他のグループ員が、「私もやってみようか」という気になる。どのような「かまど改良」が最も自分の家にふさわしいか考える。改善の時期を考える。予算を勘案する。家族を説得する。かまどを改善する。

このようなグループ・ダイナミクス的な過程を通じて、かまどの改良が普及することを、生活改良普及員は側面から援助したのである。

## 5　生活改良普及員の活動事例からみる農村の生活改善運動

日本の生活改善普及事業は、1948年に制定された農業改良助長法にもとづき、「生活をよりよくすること」、「考える農民を育てること」を目的に、その達成手段として「生活技術の改善」と「生活改善グループの育成」が位置づけられた。

また、同年の次官通達「都道府県農業普及技術職員資格実施要領」に基づき、各都道府県では改良普及員資格試験が実施され、農業改良普及員と生活改良普及員が採用され普及活動を展開することとなった。

戦後日本の農村の生活改善運動と参加型開発については、水野（2003）の研究がある。

水野は、事業発足とともに農村地域に配置された生活改良普及員の活動を記録した1951年の農林省の資料を基に、生活改良普及員が「取り上げた改善課題」、「生活改良普及員の活動・働きかけ」、「農村および農村女性側の対応・変化」を考察した[65]。また、この事例は生活改善運動発足後２年余りの期間における活動である。

## 【図表 59　生活改良普及員の活動事例】

| No. | 道府県 | 取上げた改善課題 | 生活改良普及員の活動・働きかけ | 農村および農村女性側の対応・変化 |
|---|---|---|---|---|
| 1 | 北海道 | 寒冷地暖房用壁ペチカの普及 | 寒冷地住宅基礎知識修得。見学会・懇談会。リーフレット配布。有線ラジオで宣伝。 | 婦人グループで薪炭調査。4Hクラ ブで温度調査，有線ラジオで改良結果を発表。 |
| 2 |  | 手洗い、保健衛生意識の向上 | 農村現場で問題発見し、解決方法を農家に考えていただく。結核と栄養の講習会。集団検診。 | 婦人の自覚醸成（生活改善は一生続 けてするもの）。各農家で問題を見つけて解決に取り組む。 |
| 3 | 青森 | ハエ蚊撲滅。栄養 改善、婦人農休日 | 病院と連携して婦人会で衛生講話。料理講習会、座談会。世帯主の説得。 | 集落グループでハエ蚊の駆除。グループ結成により婦人休養日を設置。農繁期用の料理講習を要望。 |
| 4 |  | お金のかからない保健衛生活動、手洗い、万年床廃止 | 集落を巡回して実態調査。普及所・役場に助言仰ぐ。集落の休養日に衛生思想を幻燈会で啓蒙。リーフレッ ト配布。保健婦による講演会。 | 集落の休養日に布団干し。集落内の清掃活動。風呂増設。通院の抵抗減少。寄生虫検査。薬草栽培による駆虫薬の調達。伝染病患者発生ゼロ達成。 |
| 5 | 秋田 | 誰でも手のつけられる問題の解決。栄養・住居改善 | 栄養改善講習会、料理講習会を嫁と姑の双方に行ない、改善意欲を喚起。農家の好みの味付けを工夫。住居の花飾りを奨励。 | 集落の年間予算に婦人育成費計上。野菜の計画栽培、養鶏、山羊飼養による栄養資源確保。部屋の清掃、花飾りから台所改善意欲の出現。冠婚葬祭の簡素化実施。 |
| 6 | 宮城 | 台所改善、婦人過労、農業経営合理化、家族円満 | 建築技術の知識修得。新築農家を説得して、台所・かまど改善。薪炭費節約・薪炭採取労働節減効果の実証。 | 台所改善から農業経営改善まで進める農家出現。卵貯金および頼母子講による資金づくり。 |
| 7 | 福島 | 台所改善。改善によってその日から効果の現れる事柄 | 4Hクラブ員の台所改善。迷信を打破。廉価で自分でつくれる普及型改良かまど考案。農閑期に普及所をあげて改良かまど普及。 | 4Hクラブによる生活時間調査。その結果に基づく討議で問題発見。家族座談会で改善計画。炊事が楽しくなる。改良かまど5,500戸中3,000戸以上に普及。 |
| 8 |  | 台所・かまど改善、食材の確保 | 村の実態を知り、よく観察するため、簡易調査実施し、結果を生活改善懇談会で発表。 | 台所改善希望者の出現。庭先養鶏。料理コンテスト参加自慢料理の発表会。野菜の計画栽培。小家畜の飼養増加。 |
| 9 | 茨城 | 婦人の過労。生活時間利用法の改善 | 各家の実情に合ったかまど改良、台所改善計画を指導。改善例の展示。飲用水消毒。 | 婦人会から料理講習の要請。個別にかまど改善,台所改善の希望者が出現。 |
| 10 | 群馬 | 時間厳守 | 衣食住の生活合理化啓蒙。座談会、講習会。生活水準に合致した改良方針策定。 | 時計の正確な時刻合わせ。集合しやすい時間に会合。時間の有効活用が進む。 |
| 11 | 神奈川 | 台所改善、生活改善グループ・4Hクラブ育成 | 婦人会の集会に遅刻者多く、家庭の時計調査実施。県から生活改良協力員（各町１名）を指名。 | 4Hクラブ員同士の団結力の高まり。村外の各種催しへの参加による自信の増大。クラブ員自身による年間計画策定。 |
| 12 | 山梨 | 災害からの復興、住宅改善、ハエ蚊のいない村運動 | 4Hクラブ員との懇談。クラブの活 動の一般公開とデモストレーションによる理解促進。クラブ員理解と自信の付与。 | 農事懇談会を中心に、婦人会、青年団、村当局と連携。台所無尽組織。野菜栽培。ハエ蚊の駆除。改良便所の自主建設。共同パン加工所運営。婚礼簡素化。 |
| 13 | 長野 | かまど改善、台所改善 | モデル村育成地指定。生活実態調査。全戸啓蒙活動。水質検査。県・村の資金支援。かまど技術修得。優良・廉価かまど研究。かまど見回り調査。 かまど改善計画策定。 | 「秋にかまど直せ」の諺に合わせて改善。村内の器用人の協力。親戚関係のネットワークで普及。かまど改善から台所改善に進む農家出現。 |
| 14 |  | 食生活改善を起点に台所改善、食材確保 | 農村生活実態把握。典型農家の農家簿記調査から農繁期生活非合理性発見。農家訪問で調査結果伝達。料理講習会。講習会欠席者の属性調査。 | 農事研究会を母体に生活改善グループ結成。かまど改善から、台所改善、タンパク質食材の生産に進む農家出現。 |
| 15 |  | 卵貯金 | 農業改良委員会で生活改善採択。かまど・台所改善希望者研究会でかまど改善法検討。 | 資金動員のため婦人会を中心に卵貯金。卵貯金を農協管理とし目的外払戻し禁止、改善不足金の農協借入れ。 |
| 16 |  | 健康を促進する生活改善 | 住宅調査（台所、かまど、飲料水、風呂）。かまど改善、台所の窓設置などの啓蒙活動。座談会、講習会、展示会。農繁期用の保存食づくり。 | 婦人団体と4Hクラブが協力。卵貯金。野菜貯金（余剰野菜に販売代金の貯金）。農繁期共同炊事の復活（昭和16年中断）。自給用農産加工 （味噌、しょう油）。 |
| 17 | 石川 | 主婦過労→食生活低下→労働能率低下→農村文化水準低下の連鎖切断 | モデル集落を選定して、集中指導。講習会。集落全戸の台所実態調査。改善事例に基づく講習。 | 改善実行グループ形成。台所改善貯金。3ヵ年台所改善計画により、段階的に改善推進。 |
| 18 | 静岡 | 栄養改善、台所改善 | 生活改善の啓蒙活動、料理講習会。各種調査実施。対象地区の実態に合わせて、普及対象を変えた（婦人会、集落ぐるみ、同志的グループ） | 農事研究会を基礎に、生活改善の実践グループを形成。台所改善貯金。料理講習希望。農事に熱心な農家は生活改善にも真剣に考えるようになる。 |
| 19 | 愛知 | 農村を農事の発展とともに生活改善する | 毎日１軒以上農家訪問。相手と内容に応じた農家の関心を呼ぶ方法を工夫。農事勉強。 | 農家婦人も農事のことには積極的に発言。4Hや生活改善クラブの活動活発化。 |
| 20 | 岐阜 | 励み出し貯金 | 農家の生活実態調査を郡全体に実施。かまど改善の利点をスライドで説明。燃料節約のデモストレーション。モデル村選定。料理実習。社会学級・公民館で男性を説得。 | 農家の側からかまど改善の相談。村落のリーダーの協力。妊産婦の間で産後の栄養改善を申し合わせ。台所改善のための内職貯金を婦人全員で実施。 |
| 21 | 三重 | 婦人グループの育成 | 衣食住と台所の改善。便所の改善。月例会、講習会、座談会、輪読会、展示会の開催。視察。郡の台所改善モデル村に指定。 | 農村婦人の修養の会が求められた。 生活改善ラジオ放送聴取。家庭養鶏。グループ親睦精神昂揚。共同田植実施。男性の協力で台所改善。家族ぐるみ改善進む。 |
| 22 |  | 青年団女子部の育成 | 食習慣の改善、栄養講座と料理実習。栄養知識の向上。 | 油料理・小魚料理・野菜料理普及。自家製お八つ普及。弁当のおかずの 向上 |
| 23 | 滋賀 | 農家調査から生活改善 | 農繁期食事、農業迷信、主婦生活時間、農閑期食事、家計などの農家実態調査。農家泊り込み調査。老人の説得。回虫駆除。関係機関と連携。共同製麺機の導入。 | 男性から生活改善を取り上げるよう希望出る。生活改善クラブ芽生える。 製麺機の共同購入。家計簿記帳。生活改善から農事改良へ意欲昂揚。冠婚葬祭規約を設定して、費用3分の1に削減。 |
| 24 | 兵庫 | かまど改善 | 農家主婦と懇談。衣食住調査でかまど改善の希望確認。安価な改良かまど考案。 | 農家は新しい、美しい、珍しいものに魅力を感じ、農閑期を利用して自家製の改良かまどを競争して導入。 |
| 25 |  | かまど改善、寄生虫駆除 | 燃料・医療費・寄生虫調査。婦人会・家庭訪問で説得。寄生虫駆除・保健所斡旋。 | 費用の面から、かまどは一部分を改善したものから段階的に導入し、順次改善。 |

| | | | | |
|---|---|---|---|---|
| 26 | 和歌山 | 栄養改善（食肉瓶 詰、福神漬） | 青年団、婦人会、農業研究グループに料理講習。パン焼き講習。農協・役場の協力により打栓機導入。 | 中小家畜使用頭数の増加。自家製瓶詰め食品により、家計費節約。くず野菜の活用。婦人会員の間で食生活改善の意識昂揚。 |
| 27 | 鳥取 | 蔬菜栽培と栄養改善 | 婦人会に呼ばれて料理講習。農業改良普及員と協力し、栄養改善、野菜栽培とそれを利用した料理講習の2本立普及。戸別訪問。資料配布。 | 地元農家が手に入る野菜料理の講習希望。農家庭先・山畑開墾による新しい野菜（例、トマト）栽培農家が増加。 |
| 28 | 島根 | お金のかからない栄養改善 | 婦人会、座談会で弁当試食。農産物品評会、料理展示。料理コンクール。料理講習。 | 小学生の弁当のおかず豊富化。集落で焼畑を拓き菜種栽培し、油料理に利用。 |
| 29 | 香川 | 共同炊事 | 集落共同の炊事場を設けて、農繁期共同炊事実施（昭和13年に経験）。反省会で主婦の声聞取り。 | 燃料節約、家事労働節約、栄養改善、家計費節約の効果大。農家老人の社会参加の場の提供（共同炊事当番）。 |
| 30 | 徳島 | かまどプロジェク ト | 既存団体に生活改善アピール。旧い台所講を復活。生活改善クラブ立上げ。実態調査実施。農協婦人部で講習し、台所改善クラブを立上げ低価格改良かまど考案。 | 集落ごと台所改善講組織化。生活改善クラブ員の自主活動の芽生え、改良の一定程度の達成。農協との共同・連携生まれる。 |
| 31 | | かまど改善、台所改善 | 薪採取は男仕事、燃やすのは女仕事の対立解消を目指す。モデルかまど展示講習会。かまど調査。展示会欠席農家に改善効果説明。 | 改善農家は明るい台所になり、家族の協力で楽しく炊いている。かまど改善後も薪の燃焼方法はすぐに変わらなかったが、生活改善普及員の反復指導で改善進む。 |
| 32 | 高知 | 台所改善 | 農家に飛び込み生活改善アピール。モデル集落の育成をはかる。台所改善を図示し、主婦の関心喚起。 | 頼母子講発起。生活改善グループ発足。漸進的に改善進み、グループ活動の自主運営化。近隣集落・婚出先集落へ改善波及。 |
| 33 | 愛媛 | 生活改善10カ年計画 | 若者5人組みによる集落改造計画を農業改良普及員とともに生活改良普及員がモデル集落として支援。各種技術、外部資金・補助金の紹介斡旋。集落ぐるみ改善を支援。 | 集落ぐるみの生活改善に取り組む。 簡易水道敷設。かまど考案・普及。農事改良、酪農導入、機械共同利用。農休日。共同炊事。パン食普及。公民館自力建設など。 |
| 34 | 大分 | 簡易水道敷設から台所・かまど改善 | 集落の集まりで簡易水道建設の夢実現を満場一致で決議。資金調達、資材購入、簡易水道からかまど・台所改善、農繁期共同炊事など総合的に指導、助言。 | 生活改善振興会結成。頼母子講により自己資金調達。水から台所、かまど改善へ。小家畜飼養。農繁期共同炊事。女性が積極的に活動。余剰時間で養蚕開始。 |
| 35 | 佐賀 | 農繁期婦人の過労緩和、栄養補給 | 料理講習会を経て、共同炊事提案 （1938-44年の共同炊事の経験の復活）。共同炊事実施計画の支援。 | 共同炊事の実施。共同炊事の理解と協力体験により、今後の改善に自信がつく。農繁期の婦人の姿が明るくなる。 |
| 36 | 熊本 | 台所改善 | 台所調査（生活時間、食生活、食材、炊事時間、冠婚葬祭）。講演、講習、座談会、幻燈会。農家訪問。生活改良普及員自身でかまど講習受講、技術習得。1号基築造。 | 農閑期になって、台所改善希望農家出現。集落域内および周辺集落へ希望農家波及。農協資金借入れ、煉瓦共同購入。先進改善農家出現。村全体で改善講開始。 |
| 37 | | 台所改善、農家を明るく楽しいものにする | 講習会。戸別訪問。調査（台所改善希望、台所用具、かまど、薪使用量）。 改良かまど各村設置。モデル流し奨励。窓設置。水槽設置。食事場整備。視察。農家を直接説得。 | 自家製調理台作成。炊事用具共同購入。水槽の共同購入。普及員の技術指導により、徐々に台所改善が農家に浸透。 |
| 38 | | 大豆利用による食生活改善 | 大豆調査（生産量、利用方法、油揚げ購入量）。油揚げ講習会。料理講習会。 | 油揚げの自家生産。集落共同油揚げ生産化へ移行（農産加工）。 |
| 39 | | 食習慣改善、パン食普及 | 健康下調べで胃腸病多発を発見。パン食経験調査。好みの聞取り。小麦粉利用調査。パン食希望調査。関係機関の了解を得て田植え期パン食普及。 | パン食実行委員会、研究会、調査班の発足。学校給食の実験。副食向上意欲が醸成。養鶏、山羊の飼育増加。 |
| 40 | | 台所改善 | 集落を巡回し、炊事場観察調査。台所家事労働調査。青年団に台所改善説明。台所改善反対の老人を訪問・ 説得。 | 青年団員が各自で自家台所改善開始。4Hクラブ結成。生活改善グループ結成。改善資金の積立てから、頼母子講に発展。薪採取労働の節減で、集落農道改造。 |
| 41 | | 青年組織の育成、かまど改善、台所改善 | 青年グループの研究会活動支援（栄養講座、社会講座、衛生講座、台所調査、台所動線調査）。月例会合の励行。集落の既存組織との友好的関係の形成。 | 青年グループの研究会は存在してい たが、活動は不活発。グループによる自主運営、科学的思考態度増進。かまど・台所改善実行。農繁期共同豆腐加工。 |
| 42 | | かまど改善、台所改善 | 公民館からモデル集落指定。月例修養講座。料理講習会。 | 婦人会員による生活改善会発足。婦人会で頼母子講発起。毎週末に集まり、藁細工、野菜朝市出荷で貯金積立て。婦人会によるパン焼き。 |
| 43 | | かまど改善、食生活の改善、婦人の栄養認識向上 | 農事研究会に出席して、生活改善を訴える。グループ員にかまど技術修得させる。幻燈会、座談会、リーフレット配布、献立表配布・料理講習会。 | 農事研究会員が生活改善の重要性を認め、女性も参加したグループ形成。できるところから、段階的にかまど・台所改善。改善効果の評価が高い。 |
| 44 | 宮崎 | 女子4Hクラブ支援 | クラブ員の教養・技術の向上。衣食住改善指導。米国4Hクラブ活動紹介。料理実習。 | 毎週土曜日午後に集会。集落実態調査、栄養・身体検査、衣食改善。地域社会との密接なつながりを保って生活改善。衣食改善展示会。ホームプロジェクト開始。 |
| 45 | 鹿児島 | かまど改善、台所改善、食改善、慣習改善 | 実態調査で改良かまど普及必要性確認。自らかまど技術修得。モデル集落選定。会称募集、リクレーション活動、座談会、方言使用。祭礼日統一し、浪費慣行止。 | 改良かまどの効果実証により、改善希望者続出。寄生虫駆除、頼母子講の発起。農繁期保育所開設。例会の督促起こるようになる。台所の自主改善・整理の浸透。 |
| 46 | | 4Hクラブ組織強化、家庭生活明朗化 | 青年活動を重点指導。モデル集落の指定。集落発展計画に従って改善を指導。料理講習。新築台所設計助言。台所改善。村当局からも協力獲得 （ミシン寄贈受ける）。 | 集落の同志的グループをもとに、4Hクラブ発足。調理法の問い合わせ出るようになる。ミシン縫いでお盆用着をつくり好評得る。新築台所設計相談。 |

（出典）水野正己（2003） p 172-176 表を基に著者作成

図表 59 では、「取り上げた改善課題」の中で多いものは、栄養改善、台

所改善、かまど改良であり、次いで多いのが保健衛生、婦人過労対策、グループ活動支援となっている。このほか、農繁期共同炊事、時間厳守、暖房装置改善が課題に取り上げられている。生活改善事業で取り上げられた改善課題は全体的にみても多様であり、また同時に、集落や農家レベルで取り上げられた改善課題も多様である。

こうした改善課題の解決を意図して、生活改善普及員は、農村婦人、農村青年男女、農村男性、高齢者を対象に、生活改良普及員自身による様々な工夫と、農業改良普及員や外部者（保健婦、栄養士、教師、医師、役場関係者、農業団体など）の協力を得て、次のような活動・働きかけを行った。

①農村・農家の実態把握調査（問題発見やニーズ発掘のための調査）
②改善課題に対する調査と結果の報告（事実上の実施可能性調査，農村住民自身による調査の実施）
③説明会・講習会・座談会・展示会などの開催
④個別農家の訪問と説得
⑤資料配付
⑥先行事例の見学・視察，改善技術の修得とその実践的適用
⑦モデル農家・モデル集落の指定
⑧外部資源・技術・資金の導入や斡旋
⑨農村女性・青年グループの組織化・活動支援
⑩改善効果の実証調査

これらの活動は、改善課題を具体的に解決することを当面の目標に、農村婦人や青年層、そして生活慣習に抵触することから、生活改善に当初は強固に反対した高齢者を対象に、改善の必要性の認識を醸成し、改善行動を喚起し，改善の成果を享受させ、さらに次の改善課題への取り組みを助長するものであった。これは、１つひとつの改善活動をいくども積み重ねていく過程としてとらえられる。この過程で､各種の調査を通じて改善課題が定義され、改善活動に対する関係者の間の合意形成がはかられることで、具体的な実践活動が執り行われた。

生活改良普及員の働きかけに対して、農村婦人や集落の側は、生活改善普及員が行う様々な啓蒙活動への参加・受容、各種の調査への協力、戸別・集

落レベルでの改善活動の実践、生活改善実行グループや青年組織の形成と活動の継続、家事労働の合理化・効率化・様々な工夫と改善、頼母子講や卵貯金などを通じた改善資金の自力調達、野菜の自家生産の増加による栄養改善、農繁期共同炊事や共同田植えなどの集団的行動の組織化などを通じて、きわめて積極的に対応した。また、それらを通じて、改善課題に取り組んだ農村婦人が生産・生活世界に対する視野を広げ、生活行動に対する自信を身につけたこと、そして農家の家族員が生活改善の成果を享受した。

以上は、あくまでも戦後生活改善運動発足後2年余の期間のことであるが、生活改良普及員の献身的な努力とそれに対する農村婦人や農家・農村側のポジティブな対応をみることができる。

そして、暗中模索のままに生活改善運動に乗り出した生活改良普及員が、一方では戦後の農村民主化と生活合理主義の浸透という時代背景において、農村婦人のグループとともに取り組んだ生活改善の取り掛かりを示している。この一連の過程には次の問題解決型アプローチをみることができる。

（イ）「課題を定義する」

（ロ）「納得する」

（ハ）「決断する」

（ニ）「改善する」

（イ）は、農村の外部者である生活改善普及員が課題を決定するのではなく、農家生活の中から改善課題を摘出し定義したことである。

（ロ）は、生活改善課題を農村女性や農家自身が自らの問題として認めるとともに、なんらかの解決の必要性を認識したことである。

（ハ）は、具体的な改善行動を行う意思決定を農村婦人が行ったことである。

（ニ）は、改善活動の実践を積み重ねることである。

このアプローチを模式図で表すと、「課題を定義する＝Find challenges」→「納得する＝Recognize challenges」→「決断する＝Decision to solve problems」→「改善する＝Improve」のサーキュレーションになる。発足時の生活改善運動は、手本となる成功事例がなかったために、1つひとつの改善活動をいくども積み重ねていく過程としてとらえられる。

このサーキュレーションは、課題に対して試行錯誤を重ねながら解決策を探り実行することを続けていく。そして、失敗の原因をさぐり、改善していくという、まさに日本企業が高度成長期に業績を伸ばした生産管理方式であるT.Q.C.と重なるものがある[67]（図表60参照）。

T.Q.C.は1950年代にGEの品質担当エンジニアだったファイゲンバウム（Feigenbaum, A. V.）が提唱した言葉である[68]。この概念はアメリカから輸入されたものであるが、日本的経営に順応するにつれて、日本式T.Q.C.と呼ばれる手法へと変容していき、日本の高度成長期に成果を残した。

**【図表60　発足時の生活改良普及員の活動事例と品質管理（T.Q.C.）】**

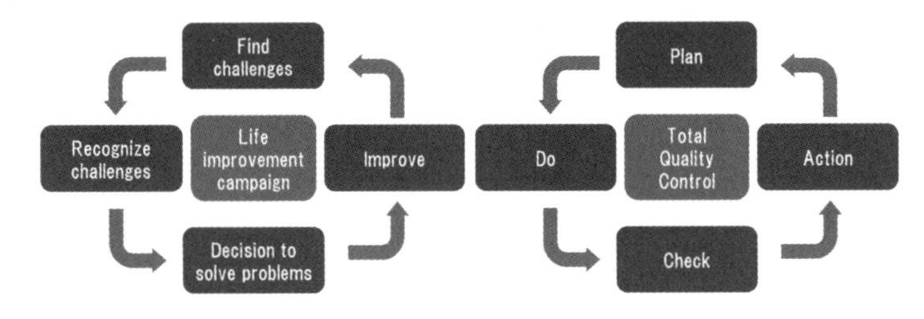


（出典）著者作成

したがって、日本でT.Q.C.と呼ばれているものは、アメリカのものとは別物になる。日本においては「改善活動（部分最適の手法）」がT.Q.C.の手法として取り入れられたため、業務の質（顧客にとってはどうでもいいような業務も含む）も対象にされる。また、アメリカのT.Q.C.のように「システマチックな全体最適」という発想がないことも特徴として挙げられる。これは部分の改善を積み上げていくボトムアップの手法と言える。

第２次石油危機後、国際市場を席捲した日本製品の国際競争力が、日本式T.Q.C.を始めとする日本的経営・生産システムに起因することを知ったアメリカは、日本式T.Q.C.を参考に総合品質管理（T.Q.M.＝Total Quality Management）を展開した。そして、これを停滞していた経済再生の切り札として企業への導入を促進するために、TQCを審査基準ないし経営モデルとしていた日本のデミング賞[69]に習って、 1987年マルコム・ボルドリッジ国家品質賞（MB賞＝Malcom Baldrige National Quality Award）を創設した。このことは、まさに日本が和魂洋才を発揮した事例と言える。

もちろん、農村の生活改善運動の取り組みと、日本の高度成長を支えたT.Q.C. は、活動したフィールドが異なるので単純な比較はできない。しかしながら、どちらもアメリカから学んだ手法を用いて、多種多様の現場における課題に対する「改善」を行ったという点では、その方向性は一致するものがある。そして、どちらも暗中模索しながら解決策を積み上げていくボトムアップの手法が取られたことである。

農村の生活改善運動はこの後、一村一品運動にも引き継がれて、やがては日本の開発途上国支援のフレームワークとして、SDGs アジェンダ 2030 に組み込まれていく。一方、日本式 T.Q.C. は本家アメリカに逆輸入されて、T.Q.M. の展開によるアメリカ経済の再生の一助となるのである。

## 6　生活改善グループによる自助・共助の改善資金づくり

図表 61 は、1950 年代に農林省によって作成された、農村の生活改善運動紹介するスライドである。このスライドは、1999 年から 3 年にわたり「農村生活改善協力のあり方に関する研究」検討会が、国際協力の現場で活用できるためにまとめたツールキットに収められたスライドである[70]。

戦後の農村の生活改善運動では、「かまど改良」を課題として取り上げられた事例が多いことは、図表 59 に示されている。「かまど改良」は、立ち流しの設計や台所の壁に窓をつくるなどの大掛かりな炊事場の改善、さらに風呂場やトイレの改善、設置など住居全体の改築へと発展していった。

しかし、かまど改良には意欲はあっても「経費がない」、「家族の協力が得られない」と改善に踏み出せない農家がでてきた。生活改良普及員は、参加できないでいる人たちにこのようなスライドを見せながら、「生活をよくするのはお金の必要な改善ばかりではありません。お金を生み出す改善、そしてお金を必要としない改善方法もあるのです」と説いた。

お金をかけずに必要な改善を増やす方法として、生活改良普及員は次の取り組みの説明をすることで指導を行った。

①買ったつもりでその代金を節約する「つもり貯金」

②家計簿記帳

【図表 61　「伸びゆく生活改善グループ」農林省】

（出典）佐藤寛、太田美帆（2006）p 41 図から転載

③グループでの無尽

④共同購入による差額貯金

①は、個人の心がけ次第で十分可能であることが示された。②は家庭の収入支出を記録することで、資金計画を立てる方法が示された。①と②は自助の活用である。

③は、頼母子講や相互扶助、互助協会などと同じようなシステムが示された。④は、生活物資を小売りよりも安い値段でまとめ買い（共同購入）して差額を貯金することが示された。③と④はグループ共助の構築である。

このように生活改善グループでは、個人の自助と集団で共助によって、グループ員の目的を達成する資金調達が行われたことがうかがえる。公助の仕組みによる資金づくりは、まさにマイクロファイナンスである。

## 7　結び

戦後の農村生活改善運動は、GHQ 指導による日本の農村の封建的共同体の民主化・近代化を進める政策として導入された。そして、それは生活改善事業を核として実施されたが、農村地域においては生活改善普及事業を中心に、農村主婦層の組織化を通じた学習活動による日常生活における改善課題の摘出と、生活技術の導入によるその具体的な解決が長年にわたり積み上げられてきた。

こうした改善過程の中から「考える農民」としての農村生活主体が析出され、その後の地域社会の維持や地域振興の中核的担い手として成長してきたと考えることができる。以下に戦後の農村生活改善運動の特徴をまとめる。

- 戦後の農村の生活改善運動は、その多くを生活改善普及員の活動と努力とに負うところがきわめて大きい。生活改良普及員は最近までその全部が女性によって担われていた。彼女たちはきわめて高い使命感に立ち、戦後復興期の農村に飛び込み、暗中模索のなかから生活改善運動の地平を開拓していった。彼女たちは、新しいアイデア、生活技術、情報に支えられて、農村生活改善の総合的なファシリテーター機能をきわめて創造的に果たした。
- 生活改善運動で取り組まれた事業活動は、徹底した農村・農家生活の現場から発想され、農家生活の現状把握調査とその結果に基づいて展開された。つまり、徹底した現場主義に立っていた。
- 具体的な改善の積み重ねが重視され、それを計画的に達成していくアプローチがとられた。この実利主義は、参加した農村主婦自身はもとより、農家家族員、特に彼女たちの夫および舅と姑の生活改善活動に対する理解と支持を醸成するとともに、嫁（彼女たち）の生活改善実行グループへの参加の容認を促した。
- 生活改善運動の初期段階には、いわゆる補助金制度が整備されていなかったことが幸いし、農家の現場の生活問題に対して外来の技術・手段によって既存のものを「置換」することによる解決ではなく、具体的に存在しているものの「改善」によって課題解決をはかること（ニーズの充足）が強く指向されていた。
- 農村の生活改善運動の取組みは、地域によって様々な事情がことなり、定型化されたマニュアルなどはなかったために、生活改善普及員は、その現場対応した対策を講じる必要があった。

・農村の生活改善運動の取組みは、それぞれの現場に応じた問題解決的な手法が導入されたことから、主として農村主婦層に対して創造的な問題解決体験の機会がもたらされた。この過程で成長した農村女性は、その活動経験を継承し、さらに開花させ、現在では全国各地のむらづくり、まちづくりの中心主体に成長している。

・農村の主婦層に対して、彼女たちを個人としてとらえ、少人数のグループとして組織化した生活改善実行グループと呼ばれる小集団活動は、生活改善活動に継続性および正当性を付与するばかりでなく、集団の成員の人間的成長、さらには生活改良普及員自身の成長をも支えるものでもあった。

・生活改善グループでは、「つもり貯金」、「グループでの無尽」、「共同購入による差額貯金」など、まさにマイクロファイナンスの仕組みによる資金づくりが行われた。

・生活改善の具体的な活動の展開過程のなかから、様々な参加型農村開発手法が創出され、工夫・改善が加えられ、各地に普及された。このなかには、近年の途上国開発研究で盛んに論じられる様々な参加型開発・調査手法、たとえば参加型農村調査手法（PRA ＝ Participatory Rural Appraisal、PLA ＝ Participatory Learning and Action）を先取りしたものが数多くみられる。

・農村生活改善事業は、日本の農業政策当局の長期的な関与と、その行政の中心的担い手として中央政府のみならず、都道府県段階の官僚機構の中に優れた女性の人材を得たことが背景となって、成功裡に展開された。この都道府県段階での有能な女性官僚（多くは生活改良普及員や、後には生活関連の専門技術員を経験した）の創造的な取組みなくして、生活改善の農村地域への普及・定着は不可能であった。

## 引用

44　佐藤寛編（2002）「戦後日本の農村開発経験：日本型マルチセクターアプローチ」『国際開発研究』11（2）、p 8

45　労働省婦人少年局編（1952）「農村婦人の生活」労働省婦人少年局、p 9-22

46　川越俊彦（1995）「戦後日本の農地改革―その経済的評価―」経済学研究 Vol 46,No3,Jul、 p 249-259

47　神門善久（2006）「日本の食と農」NTT 出版

48　くらしの活動は、組合員・地域住民の願いをかなえるために農協が主体となり、主に食農教育、都市農村交流、高齢者生活支援、女性大学などが実施されている。

49　農村青少年を生産技術と生活改善の分野から育成するための組織。1914 年にアメリカで創設され、第二次大戦後フィリピン、インドネシア、台湾など多数の国に導入された。4H とは Hearts、Heads、Hands、Health の頭文字である。

50　水野正己（2003）「戦後日本の生活改善運動と参加型開発」参加型開発の再検討、日本貿易振興機構アジア経済研究所、 p 165-184

51　国際協力事業団農林水産開発調査部（2002）「『農村生活改善協力の在り方に関する研究』検討会報告書（第 1 分冊）」
https://openjicareport.jica.go.jp/pdf/11689882_01.pdf

52　民俗学者で、自身も山口の農家の出身であった宮本常一は、戦中から戦後の一時期、各地の農民に農業技術を指導して歩いたことがある。このとき宮本は「新しい技術を学ぶのはたのしいことであり、実に多くを教えられた。そしてその技術をまだおこなわれていない人々のところへいって伝達する。それは大変喜ばれた。伝書鳩のようなものであった」と記している（宮本常一『民俗学の旅』p.128 講談社学術文庫）。

53　市田知子（1995）「生活改善普及事業の理念と展開」農業総合研究第 49 巻第 2 号、農林水産政策研究所、https://www.maff.go.jp/primaff/kanko/nosoken/attach/pdf/199504_nsk49_2_01.pdf

54　大森（結婚後山本）松代は、1931 年に東京女子大学を卒業した後、1935 年に渡米しワシントン州立大学で家政学を専攻した。1938 年の帰国後、東京 YWCA 附属駿河台女学院の家政学部主任となる。戦後、文部省で家庭科教育の創設に携わる。1948 年に GHQ の推薦により農林省農業改良局普及部生活改善課の初代課長となり、1965 年まで 17 年間にわたり農村生活の改善事業を推進した。

55　教育学では東京教育大学の梅根悟、社会学では東京大学の青井和夫、松原治郎などもこうした研修の講師として招かれ、普及員のための教材づくりにも協力している。

56　農林水産省生産局技術普及課（2018）「協同農業普及事業をめぐる情勢・平成 30 年 4 月」

57　内田和義、中間由紀子（2015）「昭和 20 年代における生活改善普及事業と地方自治体―農林省の方針に対する岩手県の対応を中心に―」農業経済研究 第 87

巻、第2号、p 115-128

58 亘純吉（2010）「生活改善運動の映像にみる女性像」駒沢女子大学、研究紀要第17号、p 336

59 須崎文代（2018）「「茨城県映画」にみる1950～1960年代の農村住宅の台所改善－映像を史料とした台所の変容に関する研究－」技術と文明21巻別号(電子版)---jshit-ej2102、p 1-14、https://kenkyu.kanagawa-u.ac.jp/kuhp/KgApp?detlId=22&detlUid=ymddyggsggy&detlSeq=19

60 1949年1月1日に農業改良局普及部より発刊された「普及だより」は、2004年6月より紙媒体からメールマガジンへと形を変え現在も発行されている。

61 農業改良局普及部（1949）「普及だより」第7号、4月1日

62 農業改良局普及部（1950）「普及だより」第38号、7月15日

63 浅見芙美子（1984）「農業技術教育における教育構造の問題―農業改良普及事業における技術伝達をめぐって―」東京大学教育学部紀要23巻、p 422

64 農林省農業改良局普及部生活改善課編（1954）「生活改善普及活動の手引き（その1）」、p 6

65 水野正己（2003）「戦後日本の生活改善運動と参加型開発」『参加型開発の再検討』日本貿易振興機構アジア経済研究所、p 165-184

66 日本企業、1950年代後半から品質管理、すなわちT.Q.C.（Total Quality Control）活動を取り組み始める。これは、製品の品質を管理するためには、製造部門だけに任せていては効果が限定されるので、営業・設計・技術・製造・資材・財務・人事など全部門にわたり、さらに経営者を始め管理職や担当者までの全員が、密接な連携のもとに品質管理を効果的に実施していく活動である。

67 品質管理（QC = Quality Control）とは、日本においては第二次世界大戦敗戦後1948年から始まった日本科学技術連盟、海外技術調査委員会所属の品質管理調査委員会品質管理調査部会の調査活動や1949年のGHQが行なったいわゆるCCS経営者講座が端緒とされる。

68 Armand V. Feigenbaum（1991）「TOTAL QUALITY CONTROL THIRD EDITION, REVISED」McGraw-Hill Book Company

69 デミング賞は、日本科学技術連盟が運営するデミング賞委員会が選考を行う、TQM（総合品質管理）の進歩に功績のあった民間の団体および個人に授与さる経営学の賞で1951年に創設された。

70 佐藤寛、太田美帆（2006）「農村生活改善協力のあり方に関する研究会・開発ワーカー必携！生活改善ツールキット Ver. 1」独立行政法人国際協力機構農村開

# 第2章 大分県の一村一品運動と生活改善運動

【要旨】

本編では、アメリカから渡ってきた民主化の考えが、日本の農村の地域づくりのきっかけとなり、地域特産品ブランドを開発していき、やがてその仕組みが海外への援助の仕組みとして発展していく流れの中でを見るものである。

洋才として戦後の日本において展開した農村の民主化政策は、地域の実情からくみ上げられた日本式（和魂）の生活改善運動により進められたことは第1章で詳しくみた。

本章では、1979年当時の大分県の平松守彦知事が提唱した地域おこし政策である一村一品運動の展開を詳しくみていく。県下58の全市町村（当時）において住民主体の様々な活動として展開されたこの運動には、農村の生活改善運動がどのようなかたちでつながっていくのか。そして、一村一品運動の取り組みの仕組みが海外への援助の仕組みとなった理由を探る。

## 1　はじめに

一村一品運動は、1979年当時の大分県の平松守彦知事が提唱した地域おこし政策で、県下58の全市町村（当時）において住民主体の様々な活動が展開された。大分県の個々の活動は住民に委ねられていて、必ずしも「村」単位で行われたわけではなく、特産品も1つを開発して終えるものでもなかった。活動主体も様々であったが、一様に一村一品運動と呼ばれている。

一村一品運動の取り組みには、そこに至る系譜があった。第二次世界大戦後、協同農業普及事業が1948年に開始されたことである。この事業は、GHQ（General Headquarters）が日本の農村の民主化のために推し進めた改革県民運動として推進された。事業は、農業改良、生活改善、青少年育成の3つの取り組みで構成されていた。このうち生活改善普及事業の主管は、農林省農業改良局普及部に設置された生活改善課であったが、1951年に農林省は生活改善の推進方策として、濃密指導方式を打ち出すした。濃密指導方式とは、「意欲のあるところを重点的に指導し、そこに生活改善グループを育成して普及活動の拠点」とする方法であった。

この生活改善グループは、「上からの組織としてではなく、自発的に任意に農民によってつくられるべきである」とされた。生活改善グループの育成方針は、この「自発的」、「任意」という文言から、個人の主体性を重視した参加型開発の理念が反映されていたといえる。平松が進めた一村一品運動にも「創意工夫」、「自主独立」があり、やはり参加型の理念が提唱されている。また、農村の生活改善運動は、農村の女性の地位向上をもたらし、一村一品運動の現場においても、女性の社会進出が大きな役割を担うことになる。

この他、一村一品運動が提唱される以前からの地域おこしの取り組みは、「ふるさとづくり運動」や「県産品愛用運動」などがあった。また、地域の人々の自主的な取り組みとして、当時の大山町（現・日田市）や由布院（当時の行政区域では湯布院町、現・由布市）に代表される「ムラおこし運動」があった。特に平松が知事に就任する前の副知事として、県下の農村の実情を視察したときに出会った大山町のニュー・プラム・アンド・チェストナッツ（以下 NPC ＝ (New Plum and Chestnut) 運動は、大きな影響力があった。

本章では大分県の一村一品運動の概要を把握したうえで、生活改善運動からのつながり、一村一品運動を推進した生活改良普及員の役割をみることで、洋才としての農村の民主化が、地域の個々の事情に応じた取り組みとして、和魂により練り上げられ、地域ブランド創造にまでいたる行程をみていく。

## 2　大分県の一村一品運動

### 過疎問題への対処方策としての一村一品運動

一村一品運動は、過疎問題に直面した大分県が県民の知恵を結集して取り組んだ地域創生事業である。この事業は1979年から6期24年知事を努めた平松守彦が主導した。事業の背景には、大分県が1975年当時、全国一の過疎県であったことがある。過疎地域振興特別措置法に基づく大分県の過疎市町村は、58団体中の44団体（3市30町11村）および過疎経過措置団体1市という状況であった[71]。

一村一品運動が軌道に乗り始めた1982年に取りまとめられた大分県地域経済情報センターの「大分県の『一村一品運動』と地域産 業政策」では、一村一品運動の意味するところを、次のように要約している[72]。

「大分県下58市町村（当時）がそれぞれ、自分達の顔となる産品、これならば全国的な評価に耐えられるという産品を開発していこう、というもので、それによって地域（自前）の産業を興し、就業の場をつくり、若者を定着させることをねらいとしている」

過疎は地域を悪循環に取り込んでしまう。たとえば地域から若者が流出すれば、その地域の活力は減退して税収も減少し生活基盤の充実が図れなくなる。そうなれば、地域の魅力が失われさらに過疎化が進行するわけである。そのために当時の大分県では、過疎問題に前向きに対処しなければならず、そのためには全県的に地域の人々の英知を結集する必要があった。そこで、結集のために必要とされたシンボルが一村一品運動だった。

### 一村一品運動の理念

運動が提唱された背景には、地元に雇用がなく町を離れる若者が多いことや住民の行政依存体質があり、これらを変えなければ地域を豊かにできないという状況があった。

平松は、知事就任に先立つ1975年からの4年間、副知事として県内各地を回り地域づくりの原点を模索した。そして1976年春に矢羽田正豪[73]ら大山町の青年たちと出会う。

大山町は、1961年から米の増産や畜産奨励をしていた国や県の政策に背を向けて、NPC運動という梅・栗など果樹栽培による所得向上を目指していた[74]。NPC運動を主導したのは、当時大山町町長と農協組合長を兼務していた矢幡治美[75]であった。矢幡は、当時大山町の農業改良普及員として常駐していた池永[76]とともに、果樹産地を中心に九州中の農業先進地と福岡の市場を視察した。大山町のNPC運動はこうして農業改良運動として立ち上がったのである。平松は、このような大山町を引っ張ってきた矢幡町長について、「矢幡さんは私が大分に帰って始めた一村一品運動の原点ともなった人だ」と述懐している（大分合同新聞1993年10月2日記事）。

平松は副知事時代に見聞した大山町などで行われてきた既存の地域づくりの活動を県民に再認識させることで、県下で他の活動を盛り上げようとした。誇れるものを地域で掘り起し、商品化することで生活の糧とし、県下の人材を育てようとしたのである。何を地域の誇りにするかを決めることは住民にまかせ、あきらめずに実践し続ける人を育てていくことを県の政策主眼とした。こうした運動を通じて、平松の一村一品運動には、次の3つの理念がある。

(1) ローカルにしてグローバル（商品開発）

(2) 創意工夫、自主自立

(3) 人づくり、地域づくり

この3つの理念において平松は次のように述べている 。

(1) において、「大分の顔、シイタケのように地域の文化と香りをもちながら世界に通じるものをつくる。地域にあるものに磨きをかける。『そこにしかないモノづくり、そこにしかない文化創造』である。私は『しかない文化』、『しかない産品』といっているが、それが世界的な評価に堪えられる、つまり、グローバルなものになっていくのだ」。

(2) では、「補助金を出して、あれをつくれ、これをつくれとはいわない。あくまで、自らのリスクで地域の潜在力を活用する運動であり、行政はその研究開発やマーケティングなどのバックアップに徹する」

(3) では、「一村一品運動は単なるモノづくり運動ではない。モノづくりを通して、グローバルに考え、ローカルに行動する人材を育てることに狙いを置く。先見性のある 地域リーダーがいなければ一村一品運動は成功しない。何事にもチャレンジできる意識改革を行い、創 造力に富んだ人づくりが重要なのだ」

## 人づくりとしての一村一品運動

平松は人づくりに特に力をいれた。第1章では、農村の生活改善における生活改良普及員の役割をみたが、農村の生活改善には地域資源の有効活用のために、地域の人材育成が必要であること、そして生活改良普及員にはそのためのファシリテーターの役割が必要であることをみてきた。平松は、副知事として県内各地を回り地域づくりの原点を模索した4年間にその必要性を大山町のNPC運動に見たと思われる。

平松は、地域の県は地域リーダーを育成する「豊の国づくり塾」を1983年に設立し、自ら塾長を務めた。「豊の国づくり塾」は、大分県内を12の地域に分け、各地域に塾が開設された。

参加者は、昼間働いて夜に集まって勉強した。勉強のテーマはそれぞれの地域が決め、2003年までに延べ1991名が卒塾し、県下各地域のリーダーとして一村一品運動における地域づくり活動で活躍した[78]。塾には多様なカテゴリーがあった（図表62参照)。

そして、この人材育成策は、女性の起業にも影響を与えた。豊の国づくり塾の中には若手母子家庭の就業を応援する「豊の国しらゆり塾」や一村一品運動に取り組む女性起業家のための「大分県一村一品女にまかせろ100人会」などがあった。

大分県では、一村一品運動への取り組みにおいて、女性の起業や地域創成に果たす役割が大きく影響したことがわかる。

1994年に開設された「大分県一村一品女にまかせろ100人会（現NPO法人、大分人材育成・地域文化交流協会、後藤佐代子代表)」が結成され、農村婦人が、社会的な立場や所得の向上を目指して、農産品や加工品の販売を都市部で始めた。

この動きが県内各地の女性グループに広がり、一村一品運動をさらに盛んにするきっかけになった。同会は、農村振興の実績と国際交流、人材育成研修の受け入れなど発展的な活動が高く評価され、2010年には「あしたのまち・くらしづくり活動賞 総務大臣賞」を受賞している[79]。

豊の国しらゆり塾は、母子家庭の自立と連帯を基本理念に1984年度に開設された。その目的は、若年母子家庭の母が自立した家庭を築けることと、母子家庭の母が地域のリーダーとして母子寡婦福祉会の活動に参加することであった。

【図表 62　豊の国づくり塾】

| No. | 塾名 | 対象者 | 開設年 |
|---|---|---|---|
| 1 | 21世紀大分農業塾 | 農業後継者 | 2000年5月 |
| 2 | 豊後牛飼い塾 | 肉用牛生産者 | 2001年4月 |
| 3 | 豊後やる木塾 | 中核的な林業経営者 | 2003年4月 |
| 4 | 大分しいたけ源兵衛塾 | 椎茸生産者 | 2002年4月 |
| 5 | 豊の浜塾 | 漁業者 | 2003年4月 |
| 6 | 豊の国商人塾 | 商業後継者 | 1987年9月 |
| 7 | 豊の国経営塾 | 地域経済界のリーダー | 1987年7月 |
| 8 | 豊の国観交カレッジ | 観光産業の若手経営者 | 1999年10月 |
| 9 | 豊の国国際交流カレッジ | 地域の国際化を担うリーダー | 1999年と2000年 |
| 10 | おおいた環境塾 | 環境保全活動の実践リーダー | 2003年4月 |
| 11 | 大分県ニューライフアカデミア | 生涯学習者 | 1983年10月 |
| 12 | 豊の国しらゆり塾 | 若手母子家庭 | 1984年 |
| 13 | 大分県一村一品女にまかせろ100人会 | OVOPに取り組む女性 | 1994年 |

出典：国際一村一品交流協会 H.P. を基に著者作成　http://www.ovop.jp/jp/ison_p/jissen3.html

一村一品運動は、農村婦人の所得向上や地域の産業おこしだけでなく、業種を超えた人のネットワークづくりや交流にも寄与した。住民が変革を望みつつ方法を模索していたときに運動が契機となって、自分たちの町村の将来を考えるようになった。

一村一品運動は、県産品の第 6 次産業化を促したと考えられる。第 6 次産業とは、農業や水産業などの第一次産業が食品加工・流通販売にも業務展開している経営形態を表す。

そして、農業従事者が食品加工、流通、販売にも総合的に関わることによって、加工賃や流通マージンなど第二次・第三次産業の事業者が得ていた売上や利益を、農業者自身が得ることによって農業経営体の所得を向上させようというものである。

1980 年に県下の青年たちが開催した「ムラおこし研究集会」は、県下の農林漁業・伝統工芸・加工業・地域文化の代表 230 人が集まり、実践活動を通じての問題提起、他産業への理解を深めることによる地域経済循環の促進等が目指された[80]。

図表 63 に「豊のづくり塾」の広がりを示す。

**【図表 63 「豊の国づくり塾」の広がり】**

| 塾名 | 概要 | 指導者 |
| --- | --- | --- |
| 21世紀大分農業塾 | 21世紀の大分県農業・農村を担い、新しい知識や感覚を備えたトップリーダーを育成するため、30代を中心とした意欲のある農業者を対象に、2000年5月に開設。 | 顧問：今村奈良臣（東京大学名誉教授） |
| 豊の国商人塾 | 新しい時代の地域を担い、明日の日本を担うスケールの大きな商人の精神と技術を培うため、若い企業後継者を対象に、大分県商店街振興組合連合会が1987年9月に開設。 | 名誉塾長：平松守彦（大分県知事） |
| 豊の国いい未来塾 | この塾は、商業人材の底辺拡大と地域の特性に応じた商業づくりを担う将来のリーダーを育成するため、地方振興局単位で商業経営者及び商業後継者を対象に1999年10月に開設。 | 名誉塾長：平松守彦（大分県知事） |
| 豊の国観交カレッジ | この塾は、大分県観光協会が観光産業の若手経営者等を対象に、21世紀における大分県観光産業を振興するため、観光における新しい付加価値の創出と時代の変革に対応した意識を持つ将来の大分県観光の担い手を育成するため1999年10月に開設。 | 名誉塾長：平松守彦（大分県知事） |
| 豊の国しらゆり塾 | この塾は、母子家庭の自立と連帯を基本理念に1984年度に開設された。その目的は、若年母子家庭の母が自立した家庭を築けることと、母子家庭の母が地域のリーダーとして母子寡婦福祉会の活動に参加しすることである。 | 校長：平松守彦（大分県知事） |
| 大分県ニューライフアカデミア | 県民が健康で充実した生きがいのある人生を築くためには、生涯にわたって楽しく学び続けるとともに、ふれあいを通して心の通い合う地域づくりに努める必要がある。この様な期待に応えるために、自ら学びながら生涯学習の推進と地域に貢献することを目指して、1983年10月に開設。 | 学長：平松守彦（大分県知事） |
| 大分県福祉ボランティア大学校 | 福祉分野におけるボランティア活動を地域において主体的に実践できる人材を育成するために、ボランティア活動を実践している者または今後行いたいと考えている者を対象に1999年10月に開校。 | 校長：平松守彦（大分県知事） |
| 豊の国国際 交流カレッジ | 国際人としての知識や感性を身につけ、大分県の国際化を推進する新たな担い手の育成と留学生支援体制の整備を目的に、(財)大分県国際交流センターが、大分県に在住し、大分県の国際交流・協力の施策を理解し積極的に推進する者で、留学生や研修員の受入等、国際協力の指導、助言及び実践活動のできる者を対象に1999年度及び2000年度に開設。 | 学長：大森彌（前東京大学教養学部長） |
| 地域文化道場 | 文化を核とした地域づくりを行政と地域住民が一体となって推進するため、地域文化の創造やグレードアップに向けての企画・立案能力や実現方法についてのノウハウの習得研修を行い、一村一文化を支える地域の文化リーダーを養成するため、地域住民、市町村職員等で地域の文化活動に積極的に取組んでいる者を対象に1999年12月に開設。 | |

（出典）国際一村一品交流協会 H.P. を基に著者作成　http://www.ovop.jp/jp/ison_p/jissen3.html

## 一村一品運動の成果

1988 年 10 月には、販売対策を目的とした「大分一村一品株式会社」が異なる業種 24 社、4 団体、4 個人が出資（東京都 45%、大分県 55%）して発足した [81]。

大分一村一品株式会社は、資本金 1 億 2000 万円（現在は 1 億円）で、1989年2月には東京営業事務所が開設された。商品を流通させるには、「様々な業種の知識とネットワーク」と「客観的な視野」を取り入れることが必要であったため、銀行、デパート、商社などの企業が関与できるような仕組みとされた。

図表64に当時の一村一品運動の特産品目を示すが、大分県内の「一村一品」は 260 品目、総販売額は 917 億円であったが、品目数の半分以上が年間売上 1 億円以下であり、伸び悩みの最大の課題は流通であった [82]。

そのため、多品種少量、ノーブランド、産地未形成の県内各地の「一村一品」を全国の販売チャンネルに乗せ、小規模な生産者を救済するための販路を開拓することが、一村一品株式会社に課せられたのであった。

**【図表 64　大分県の一村一品運動の一覧】**

| 地方自治体 | | 産品 |
|---|---|---|
| 大分市 | 旧・大分市 | ニラ、イチゴ、ミツバ、パセリ、しそ（大葉）、イチジク、ユズ、ビワ |
| | 旧・佐賀関町 | 甘夏、キウイフルーツ、ポンカン、関アジ、関サバ |
| | 旧・野津原町 | イチゴ、ニラ、豊後牛、生シイタケ、豊の七瀬柿、乳製品、アスパラガス |
| 別府市 | | 別府竹細工、つげ細工、湯の花、ザボン漬、花き |
| 中津市 | 旧・中津市 | ハクサイ、ブロッコリー、大分味一ネギ、梨、蛤シルコ、巻柿、カボス麺、ハモ料理、丸ボウロ |
| | 旧・三光村 | ややま味噌、イチゴ、大分味一ネギ、三光桃、三光パン、トルコギキョウ |
| | 旧・本耶馬渓町 | 耶馬渓茶、夏秋きゅうり、生しいたけ、いちご、にら、そば加工品 |
| | 旧・耶馬溪町 | 牛乳、耶馬渓茶、トルコギキョウ |
| | 旧・山国町 | 夏秋きゅうり、豊後牛、木工品、梨、かずら工芸品 |
| 日田市 | 旧・日田市 | 木工芸品、小鹿田焼、下駄、漆器、梨、スイカ、ハクサイ、豊後牛、牛乳、木炭・木酢液 |
| | 旧・前津江村 | 豊後牛、ワサビ、生シイタケ、ミニトマト |
| | 旧・中津江村 | 茶、タケノコ、ワサビ、角ログ、コンニャク、わさび加工品 |
| | 旧・上津江村 | ログハウス、夏秋きゅうり、生しいたけ、わさび、豆腐、こんにゃく |
| | 旧・大山町 | 梅、スモモ、キノコ、クレソン、ハーブ、梅干し |
| | 旧・天瀬町 | 生しいたけ、ミョウガ、セリ、手造りかりんとう、バラ、アルストロメリア、こんにゃく、こんにゃくそば |
| 佐伯市 | 旧・佐伯市 | イチゴ、いりこ・ちりめんじゃこ、真珠、バラ、豊の活ブリ、ポンカン、ニラ |
| | 旧・上浦町 | 宮内伊予柑、タクタク料理、あわび・サザエ |
| | 旧・弥生町 | 菊、焼アユ、しいたけ、カボス、いちご、ハウスみかん、ニラ |
| | 旧・本匠村 | しいたけ、茶、やきアユ、麦焼酎、露地菊、いんび茶（缶入り）、雪ン子寿司 |
| | 旧・宇目町 | しいたけ（乾）、栗、茶、ほおずき、なす、スイートピー、ししラーメン |
| | 旧・直川村 | いちご、陸地味噌、手造りジャム、かりんとう、村のアイス、焼酎「むぎゅ」 |
| | 旧・鶴見町 | 干魚、活魚、マリンレモン、鯛波夢（ハム）、豊の活ぶり、鶴見の磯塩 |
| | 旧・米水津村 | サンクイーン、丸干し、豊の活ぶり |
| | 旧・蒲江町 | 干魚、緋扇貝、真珠、豊の活ぶり、ひらめ、豚、電照菊、トコブシ、いちご、ハウスみかん、ハウスびわ、アスパラガス |
| 臼杵市 | 旧・臼杵市 | カボス、真珠、ハモの皮巻き、冬春トマト、系統造成臼杵豚、豊後牛、うすき健康タマゴ新鮮くん、卵黄油、臼杵せんべい、臼杵ふぐ |
| | 旧・野津町 | 吉四六ピーマン、レイシ、メロン、かんしょ、豚、葉たばこ、にら、天上焼 |
| 津久見市 | | サンクイーン、清見、ソウリンひらめ、ヤマジノギク、マグロ、トルコギキョウ、津アジ・津サバ |
| 竹田市 | 旧・竹田市 | カボス、サフラン、豊後牛、グリーンラブレタス、スイートコーン、シイタケ、ワレモコウ |
| | 旧・荻町 | トマト、スイートコーン、花き、ピーマン、イチゴ |
| | 旧・久住町 | 夏秋トマト、花き（リンドウ）、久住高原味噌、豊後牛、しいたけ、生ハム |
| | 旧・直入町 | ほうれん草、しいたけ、ワカサギ、豊後牛、直輸入直入ラベルドイツワイン |
| 豊後高田市 | 旧・豊後高田市 | 白ネギ、スイカ、高田魚市場の地魚あげ、豊後牛、蜂蜜、高田風味 |
| | 旧・真玉町 | 白ネギ、ネットメロン、すいか、生しいたけ、真玉漬、赤貝 |
| | 旧・香々地町 | いよかん、豚、生しいたけ、烏骨鶏、ギンナン |
| 杵築市 | 旧・杵築市 | ハウスみかん、ハウスアンコール、きつき茶、豊後牛、イチゴ、豊後別府湾ちりめん、花木 |
| | 旧・大田村 | 豊後牛、ヨモギ茶、スモモ |
| | 旧・山香町 | 夏秋きゅうり、豊後牛、新鉄砲ゆり、いちご、牛乳、ユズ加工品、ホオズキ |
| 宇佐市 | 旧・宇佐市 | 玉ネギ、きゅうり、いちご、豊後牛、巨峰、むぎ焼酎、ハトムギ焼酎、ワイン、メロン、そうめん、大分味一ネギ、白ネギ、味噌、冷麦 |
| | 旧・院内町 | ゆず、ゆず加工品、いちご、ハイブリッドスターチス、アルストロメリア |
| | 旧・安心院町 | ブドウ、スッポン、スッポン加工品、農協しょうゆ、アルストロメリア、ワイン |
| | 旧・三重町 | かんしょ、アスパラガス、カボス、しいたけ、美ナス、豊後牛 |

| | | |
|---|---|---|
| 豊後大野市 | 旧・清川村 | クリーンピーチ、御嶽まむし、豊後牛、菊 |
| | 旧・緒方町 | さといも、カボス、豊後牛、かほりごぼう |
| | 旧・朝地町 | 豊後朝地牛、しいたけ、ピーマン |
| | 旧・大野町 | かんしょ、ピーマン、豊後牛、スイートピー、さといも、エボシ味噌、養老メン、竹炭 |
| | 旧・千歳村 | ハトムギ、千歳茶、豊後牛 |
| | 旧・犬飼町 | かんしょ、豊後牛 |
| 由布市 | 旧・挾間町 | いちご、香りむらさき（ナス） |
| | 旧・庄内町 | 豊後牛、梨、いちご、シイタケ、ニラ、夏秋トマト、名水 |
| | 旧・湯布院町 | 豊後牛、ホウレンソウ |
| 国東市 | 旧・国見町 | ネットメロン、冷凍加工野菜、温州みかん、車えび、有精卵黄油、イチゴ |
| | 旧・国東町 | キウイフルーツ、いちご、花き、くにさき銀たち、清酒西の関 |
| | 旧・武蔵町 | 武蔵ネギ、むさし干魚、むさし揚げ、天狗ネギ |
| | 旧・安岐町 | ミニトマト |
| 東国東郡姫島村 | | 姫島車えび、姫島かれい |
| 速見郡日出町 | | 城下かれい、白イボきゅうり、紅八朔オレンジ、ハウスみかん、大分麦焼酎二階堂、豊後別府湾ちりめん |
| 玖珠郡九重町 | | 生しいたけ、キャベツ、トマト、梨、豊後牛、花木 |
| 玖珠郡玖珠町 | | 豊後牛、吉四六漬、乾しいたけ、生しいたけ、バラ |

（出典）大森（2001）「一村一品運動20年の記録」大分県一村一品21推進協議会を基に著者作成

筆頭株主である地元のトキワデパートでは､積極的に「一村一品」を売り、生産者の販路・流通のバックアップを行った。

向井は2014年8月8日に、当時の大分一村一品株式会社代表取締役社長の藤澤政則にインタビュー調査を行っている。

藤澤は、ビジネスの視点での運動の継続の要因を「製品作りではなく、売れる商品を作ることである」とし、「製品を売れる商品にするには、品質管理だけでなく、費用や流通も重要である。経営・販売・経理の知識がある企業体ならよいが、経験や知識がない生産者に製品と商品の違いを教えることが必要である」と述べ、大分一村一品株式会社には製品の買い取りリスクが生じたが、引き出された生産者の力を発揮する場としての機能を果たしたとしている（向井2017）[83]。

平松は運動を推進するため、自らがトップセールスマンとなり、イベントも積極的に開催した。

図表65は、平松が知事に就任してから、すなわち一村一品運動が始まってから6年間の一村一品関連のイベント開催回数・日数・販売額の推移を示したものである[84]。

一村一品運動は、平松が大分県知事を勤めた1979年から2003年までの

24年間続いたと捉えることができる[85]。

その成果については、どの時点で評価するかで見解が分かれるところはあるが、「一村一品運動20年の記録」をみると、運動が軌道に乗った以降は毎年約300もの特産品を指定し、1999年度には1416億円もの販売額をあげるに至っている（図表66参照）。

**【図表65　大分県における一村一品関連のイベント開催回数･日数･販売額の推移】**

| | 1979 | 1980 | 1981 | 1982 | 1983 | 1984 | 1985 |
|---|---|---|---|---|---|---|---|
| 開催数 | 26 | 27 | 23 | 32 | 30 | 34 | 29 |
| 催延日数 | 145 | 150 | 138 | 179 | 180 | 229 | 170 |
| 出品金額 ：a | 21,825 | 25,925 | 28,926 | 53,226 | 71,787 | 80,142 | 96,942 |
| 販売金額 ：b | 9,902 | 12,155 | 14,597 | 21,799 | 29,841 | 35,211 | 36,926 |
| b/a （%） | 45 | 46 | 50 | 41 | 41 | 44 | 38 |

（出典）中小企業基盤整備機構（2013）を基に著者作成（単位：年・回・日・万円）

**【図表66　一村一品運動特産品の販売額及び品目数の推移】**

| | | | 1980年度 | 1985年度 | 1990年度 | 1996年度 | 1997年度 | 1998年度 | 1999年度 |
|---|---|---|---|---|---|---|---|---|---|
| 販売額（百万円） | | | 35,863 | 73,359 | 117,745 | 130,827 | 137,270 | 136,288 | 141,602 |
| 品目数（品目） | | | 143 | 247 | 272 | 295 | 306 | 312 | 319 |
| 規模別品目数 | 1億円未満 | | 74 | 148 | 136 | 169 | 170 | 173 | 187 |
| | 1億円以上 | | 69 | 99 | 136 | 126 | 136 | 139 | 132 |
| | 内訳 | 1～3億円 | 34 | 53 | 68 | 60 | 68 | 79 | 70 |
| | | 3～5億円 | 16 | 14 | 21 | 31 | 30 | 24 | 28 |
| | | 5～10億円 | 15 | 17 | 27 | 20 | 21 | 18 | 15 |
| | | 10億円以上 | 4 | 15 | 20 | 15 | 17 | 18 | 19 |

（出典）平松守彦（2006）「地方自立への政策と戦略」東洋経済新報社P.62表を基に著者作成

また、1999年度の一村一品運動における販売金額10億円以上の主な特産品は、14地域の17品目。

これらの品目は、2007年に大分県の新たな地域ブランド品として掲げられた「THEおおいた」ブランに受け継がれている。

【図表67　1999年度一村一品運動における主な特産品(販売金額10億円以上)】

| 地方自治体 | 品目 | 地方自治体 | 品目 |
|---|---|---|---|
| 豊後高田市 | 白ネギ | 米水津村 | 丸干し、豊の活ぶり |
| 国見市 | 冷凍加工野菜 | 蒲江町 | ひらめ、豊の活ぶり |
| 別府市 | 竹細工 | 野津町 | 葉たばこ |
| 杵築市 | ハウスみかん | 日田市 | 梨、牛乳 |
| 日出町 | 大分麦焼酎二階堂 | 大山町 | キノコ |
| 大分市 | 大葉 | 耶馬渓町 | ブレーカ |
| 佐伯市 | 豊の活ぶり | 宇佐市 | むぎ焼酎いいちこ |
| 鶴見町 | 活魚 | | |

(出典) 平松守彦 (2006)「地方自立への政策と戦略」東洋経済新報社 P.62 表を基に著者作成

生産体制や設備を充実させ安定供給を図った後は、インパクトのある広報や販売戦略を強化することが、活動を継続させるために重要であった。どんなに生産者の力を引き出し特産品づくりに力を入れても、商品が売れ、利益を出さなければ生産者のモチベーションが下がるだけでなく、経営的自立につながらないからである。

地域内がターゲットであった産物も、県や一村一品株式会社が支援を行ったことで、全国に流通するようになった。

平松が始めた大分県の一村一品運動は、普及者である県知事の一方的な開始の号令ではなく、普及者と採用可能性を持つ人々との直接対話から開始されたと考えられる。副知事として故郷に赴任した平松は県外からのＵターン者であり、地域の状況について最初あまり詳しくなかった。そのため、住民との対話を重視し、地域を知ることから始めた。どのような活動を推進するかは地域に詳しい住民に委ねることで、彼らの関与を促した。その結果として導き出された政策が一村一品運動であった。

## 宇佐市の三和酒類の取組み

三和酒類株式会社は1958年に大分県宇佐市に設立された酒類総合醸造

企業である。そして三和酒類は、2019年7月時点において、資本金10億円、売上高429億2700万円、営業利益52億7700万円、経常利益56億7100万円で[86]、課税移出数量は、日本国内の単式蒸留焼酎（焼酎乙類）メーカーで2位[87]の大分県を代表する企業である。

三和酒類は、現在は焼酎酒造メーカーとして有名であるが、元々は清酒造り酒屋であった。1972年に赤松本家酒造株式会社・熊埜御堂酒造場・和田酒造場・西酒造場が企業合同して酒類総合醸造企業へと展開することになった。1974年に果実酒「アジムワイン」を発売、1979年に「下町のナポレオン」として知られる麦焼酎「いいちこ」発売した[88]。

安心院は、1955年に宇佐郡深見村、佐田村、津房村、駅川村（一部）と合併し、安心院町となり、2005年に宇佐市に併合された。安心院は、地形がもたらす霧が深く、昼と夜の寒暖差が大きい盆地なので、ワインづくりにふさわしいブドウを栽培するのに適した土地である。そのため平松知事が進めたOVOPでは、ブドウとワインが特産品として生産されている。

一村一品運動が始まったのと同じ年に発売された「いいちこ」は、1984年に広告戦略として「iichiko」としてブランディングされた。ブランドロゴもローマ字をベースにして、本格焼酎の古いイメージを払拭する爽やかさを出すものが考えられた。テレビコマーシャルは1986年から年一回制作ずつされ、CMソングは1987年の「時は今、君の中」以降、フォークソングデュオのビリーバンバン の曲が一貫して使われてきた。外国の大自然や田園などの静かな風景とビリーバンバンの歌が独特のイメージを確立し、印象に残るCMとなっている。

三和酒類株式会社は社是で、「おかげさまで・美しい言葉・謙虚な心」、そして「丹念に一念に」と記されている。そして、これらは単なることばではなく、これまでのあゆみの中で培い、磨き抜いてきたものづくりの姿勢であり、これからもしっかりと継承し、継続していくことが理念として述べられており[90]、企業理念として、一村一品運動の3つの理念と重なるものがある。

たとえば、「人づくり・地域づくり」としては、1986年から20年以上にわたり学術文化誌「季刊iichiko」を発行し、1994年11月にはメセナ大賞1994のメセナ企画賞を受賞している。また地域貢献として、別府アルゲリ

【図表68　iichiko SPECIAL】

（出典）三和酒類 H.P.「商品案内」より転載。https://www.iichiko.co.jp/products/6-21.html

ッチ音楽祭、第1回アジア太平洋水サミットなどへの協賛も行っている。

また、三和酒類は「ローカルにしてグローバル」な取り組みとしては、現在、海外ではサンフランシスコやハワイなどを重要拠点として展開している。そして、今後は北米全土に、また東南アジア市場へも本格的な展開を計画している[91]。そして、「創意工夫、自主自立」では、麹文化という日本古来の酒造技術を活用した日本発カクテルベースのスピリッツである新たなるブランド「TUMUGI」、「iichiko」を中心に、麹でつくる日本の蒸留酒のおいしさ、麹文化の素晴らしさをブランド戦略としている。

その成果として、長期貯蔵の本格焼酎として販売した「iichiko SPECIAL」は、2016年にインターナショナル・ワイン＆スピリッツ・コンペティション（IWSC2016）で、カテゴリー最高賞の「トロフィー」を、2019年にはサンフランシスコ・ワールド・スピリッツ・コンペティション2018で、「カテゴリー最高賞」を受賞している。

「いいちこ」の誕生から現在までを見守り続けたのは、三和酒類の西太一郎[92]名誉会長である。1958年に合併してできた三和酒類の社員第一号として入社した西は、合併後の20年間は焼酎ではなく日本酒を造っていた同社において日本酒の激しい価格競争で苦戦していた。同社はその苦境から脱するために焼酎の製造に乗り出したのである。当時の焼酎のイメージは「安かろう悪かろう」、「日本酒は贈答用になるが、焼酎はならない」など、日本酒と比べると評価は低かった。三和酒類社内でも「この転換は寂しいもので、清酒メーカーの負け犬」と感じられていた[93]。

しかし転機は1979年に来た。多くの焼酎では米麹が使われるが、三和酒類は麦麹100%の麦焼酎を造ることに成功した。従来の焼酎にあった独特の臭みとは違う、林檎のような香のする焼酎が生まれた。それが「いいちこ」であった。

西らは「売り上げ5億になったら皆でハワイに行こう！」を合言葉に全国を回った。「皆でハワイに行こう！」というキャッチフレーズは、大山町で生まれたものと同じ意味を持つ。そして、当時一村一品運動を推進していた平松知事が自ら「いいちこ」を手に全国を回ったのである。一村一品運動という強力なバックアップを「すばらしく幸せなこと」と西は振り返っていた[94]。

## 3　大分県における生活改善運動

### 生活改良普及員の取り組み

一村一品運動が開始された1979年当時は、都市部では女性の参画が進み、女性に対する社会の期待も高まっていたが、その一方で、農村では依然として男性優位の「家」中心の社会という状況であった。当時の農村の「家」では、男性は年齢に関係なく1人として見られたが、女性は「賃金を払わずにすむ労働者」にすぎなかった。

大分県では農村の生活改良普及員の人材育成に関し、国が進める生活改良普及員制度との連携が行われた。大分県の生活改良普及員は、国家資格をもつ地方公務員（県職員）である。したがって、当時の大分県の生活改良普及員は、身分は大分県の職員であるが、国庫補助職員（給与は国が4割、県が6割を負担）であるため、当時の国の生活改善運動の方針「食糧増産と農村の環境改善」と県が進める一村一品運動の普及という2つの目標を担うことになった。

生活改善運動と一村一品運動はどちらも、農村の持続的な発展が目標であった。生活改善運動は、発足時は戦後の食糧難に対処するために取組まれた農業普及事業の一環で、農産物の増産が目的であった農業改良普事業と、農村の生活改善による女性の社会参加とコミュニティー開発が目的であった生活改善普及事業が改革の両輪として行われた。一方一村一品運動は、戦後の高度成長期において、日本一の過疎に悩む大分県で、地域特産品ブランド開発による地域おこしによって、若者の農村定着を目指したものであった。

一村一品運動の継続を可能にする要因については、インタビュー調査などを行った向井の研究がある[95]。向井は、農村女性の人材育成と一村一品運動と連携させた元生活改良普及員の後藤佐代子（NPO法人、大分人材育成・地域文化交流協会会長[96]）にインタビューを行っている。以下に向井のインタビュー調査から、後藤たち生活改良普及員の取り組みをまとめる（向井2017）[97]。

向井のインタビュー調査では、後藤は1970年代に生活改良普及員として大分県の農村を回り、農村の実情、農村婦人の様子をよく知っていた。そして後藤は、一村一品運動の勉強会が始まった1979年には専門技術員として県庁にいた。このとき県庁では過疎地域対策にも取り組んでいたので、後藤は、一村一品運動は元気な農村婦人の声を知事に伝えるよい機会だと考え、積極的に取り組んだとある。

このインタビュー調査から、後藤のような生活改良普及員として農村の実情を知ったフィールド・オフィサーからキャリアを始めた者が、県のオフィサーとして政策の立案にも携わったことがわかる。

後藤たちは、農村婦人の生活改善の動機づけとして、1か月に500円の小遣い[98]を稼ぐためにできることを考えて、農村の人々が動き出すきっかけとした。また、農村の女性に「5つのベル」を提案して、農村改善業務と一村一品運動を結び付けることを始めた。

具体的には既存の生活改善グループ（7～10人）を取り巻く環境を変えることで、農村婦人の感じ方や態度を変えることから始めた。5つのベルとは、次の①食べる、②比べる、③調べる、④喋る、⑤差し伸べる、をまとめたものである。
①「食べる」：皆が集まったときにお茶請けのお菓子や漬物を持ってくる。
②「比べる」：持ってきた食べ物を、甘い、辛いなど比べてみる。
③「調べる」：村の中でできることや危ないこと、残したいことを見つける。
④「喋る」：皆が集まったときに農村の女性たちが自分の意見を言えるようにする。
⑤「差し伸べる」：奉仕の精神で寄り添う。

後藤はこの試みについて、身近な資源を活用するという一村一品運動のコンセプトを用いながら、農村の女性たちができることを考え、課題を認識し解決していくことができるように促した。たとえば、女性たちがつくったものを「一村一品」として、町長に提案し、町長の名前で家主（男性）に手紙を書いてもらうことで、女性たちが活動に参加できる環境を整えた。

当時、平松知事から全市町村に対して独自の「一村一品」を挙げるよう指示が出されていたが、特産品を見いだせなかった地域は困っていた。そのため、農村婦人から出された一村一品運動の提案に町長が賛同したことから、農村の男性たちも町長が後押ししていることなので反発はなかったという。農村婦人の社会進出が認められた事例である。

農村婦人の活躍は続いた。一村一品運動による生活改善運動の活動を発展させるために、海外研修も実施された。1000 万円の費用をかけ、32 人（若妻 8 人、高齢者 8 人等）とともに、アメリカ・ロサンゼルスの農村見学が行われた。研修者たちは、アメリカの生活と自分の生活を比べて皆、衝撃を受けた。帰国後、農作業着ファッションショーなど皆で楽しみながら活動できる場を自分たちで創り出していった。

## 一村一品運動における生活改善グループ

生活改良普及員は、農産加工などの技術指導をしていたことから、農村婦人たちは学んだ技術を一村一品運動で活かすことができた。当初の目的であったお小遣い稼ぎには、フランスのマルシェをイメージした朝市をたてた。最初は 500 円のお小遣い稼ぎが目的であったが、成長した女性たちは活躍できる場所を身近なグループから地域へ、更には村の外へと求めていった。それに応じて人のつながりは、地縁による組織から機能する組織[99]へ変化していった。興味や成長度は個人により異なる。それを1つの品目だけをつくる集団に押し込めていると不満は必ず出てくる。そのため、自分がやりたいことを通して引き出されたことになる。

しかしながら、すべての組織が継続したわけではなかった。時代に合わせて変化できなかったり、成長した個人の能力に合わせた活動が見つけられなかったりしたグループは、やがて人が疎遠となり、消滅していった。また、リーダーだけが目立ってしまうグループや、活動が活発になっても労務や経理管理ができなかったグループもなくなってしまった。挑戦し続けるリーダーがいなかったグループも、生活改良普及員が関与しなくなった途端、消滅してしまった。

素人の集まりであったため、求心力がなくなると、徐々に人が集まらなくなって、休止状態から消滅していったケースが多い。一方、様々な支援を受けながら企業化して労務や経営の管理ができるようになった「メルヘンローズ」[100]や、研修などで得た知識を創意工夫で発展させた「ななせ味噌」[101]では長年活動が継続した。

1981年に県が開催した、ホテルオークラでの全国初の大規模な物産展に参加することで、生活改善グループの女性たちは、引き出された力を発揮し、大きな自信を持つようになった[102]。さらに1994年に開催された「知事と語る一村一品」シンポジウムに参加した女性たちは、他地域や異業種の人々と情報交換をする機会を得て、「一村一品女にまかせろ100人会」を結成していった(図表63参照)。農村婦人が、社会的な立場や所得の向上を目指して、農産品や加工品の販売を都市部で始めた。この動きが県内各地の女性グループに広がり、一村一品運動をさらに盛んにするきっかけになった。

1996年に「大分県一村一品女にまかせろ100人会」は、特産品販売や地域づくりに対して大分県一村一品21推進顕彰事業功績賞で賞金100万円を授与された。そして同協会はその資金をもとに、リヤカーを10台購入し、女性たちが育てた野菜を売った。この協会では、目的意識なく集まった女性グループが、問題解決の機能を果たさなかったり、ともすると自然消滅したりする事例を見てきたため、メンバー加入に推薦方式をとることや、1年間の活動がないメンバーは除籍するといった厳しい規約を設けることでグループ内の結束と質の向上に成功している。

2002年度に農林水産省が実施した農村婦人の起業活動調査では、大分県には個人経営が143件、グループ経営196件、合計339件があり、件数では全国第3位であった。

図表69は、大分県内の農村婦人経営専門学校修了者と女性起業家の推移を示している。生活改良普及員は、農村女性が動き出すことができるよう促し、一村一品運動は、動き出した彼女らを後押しするものとなった。

**【図表69　大分県内の農村婦人経営専門校修了者と女性起業家数の推移】**

| 年 | 2002 | 2007 | 2008 | 2012 |
|---|---|---|---|---|
| 農村婦人経営専門学校2年コース修了者数（人） | 416 | 491 | 547 | 760 |
| 女性起業家数 | 283 | 339 | 316 | 400 |

（出典）中小企業基盤整備機構（2013）

## 4　天ヶ瀬町の農事組合法人畦道グループ食品加工組合の事例

農事組合法人畦道グループ食品加工組合（代表渡邉晃子[103]）は、「女性の知恵と輪で地域おこしと生涯現役を！売ったお金で、皆で温泉に行こう！」をキャッチフレーズに日田市天ヶ瀬町で展開している。2004年には「ふるさとづくり2004」企業の部において、ふるさとづくり賞・振興奨励賞[104]を、2016年には「日本農林漁業振興会」会長賞を受賞した。日本農林漁業振興会会長賞受賞の理由は次の通りであった[105]。

①女性グループによる起業活動の推進に当たって、構成員の多様な働き方の実現と、様々な方式での地域活動への参画を実現していくモデルとなる事例である。

②生活改善運動を基礎とした商品開発、起業支援、地域貢献は、女性ならではの発想に基づくものであり、地域の活性化にも広く寄与していくことが期待される。

このグループの活動は仲間づくりから始まった。1966年に町制施行した天ヶ瀬町[106]では、四季の野菜や山菜の地域食材を使った食文化の見直しやおふくろの味の伝承運動が盛んであった。渡邊らは、1975 年から町の文化祭、老人の寿学級、青年団・婦人会総会等での弁当やオードブルづくりをはじめた。渡邊は、ふるさとづくり賞のコメントで次のように述べている[107]。

「地域の秋まつり「くにち」は五馬（いつま）楽の奏でとともに子どもから老人まで参加するため、行事食であるサバの姿寿し・がめ煮等をたくさん作り、地域の人々から喜ばれたり、仲間づくりにも役立ちました。また、お米料理ファッションショーや郷土料理コンクール等にも顔を出し、度々賞をいただきました。県の農業祭では山菜おこわと栗おこわの実演販売で県内の皆さんに畦道グループを知っていただくことができました。( 中略 ) 昭和 54（1979）年からは「世界にも通ずる一品づくり」と平松知事さんの呼びかけでむらおこしと一村一品づくりの時代がやってきました。当グループの一品は子どもの頃、遠足には唯一の菓子として母が作ってくれた懐かしい『かりんとう』がありました。親が子にその子がまた子に伝えるおふくろの味であり、高齢になっても作れるものとして第一候補と決めました。このかりんとうを各種総会や文化祭・温泉祭り等で販売することとなり、町内で好評の『かりんとう』となりました」

渡邊らは、1979 年に天ヶ瀬町生活研究協議会を立ち上げて、植えよう・食べよう・加工しようを目標に、11 の生活改善グループを発足した[108]。畦道グループは協議会発足に先立つ 1977 年に結成され、継続は力なりをモットーに、「3 だせ運動（踏み出せ、汗出せ、知恵を出せ）」、「3 つの気（元気、本気、勇気）」、「5 つのベル（食べる、しゃべる、調べる、比べる、差しのべる）」を守りながら、郷土料理の伝承や後継者育成にも取り組み、10 種類以上のかりんとうを手造りした。

しかし、大分市内のデパートの催しでは、顧客から「美味しいけどかたいね」という評価だった。そこで渡邊たちは、古くからのつくり方では消費者に受け入れられないことを知り、これをキッカケにいろいろなノウハウの研究や技術を積み重ね「村おこしの手造りかりんとう」ができた。

1981 年には「むらおこしの会」が結成され、高齢者でも製造できる「かりんとう」を産物として一村一品運動に参加した。参加者は行政主催のイベントや物産展等に参加でき、補助金や助成金の適応を受けることができるようになった。しかし、イベントで得られた評価から，家庭の調理手法では消費者に受け入れられないと気づき、技術を磨いて「村おこしの手造りかりんとう」を商品化した。

1983年には「農村地域農業構造改善事業」の導入で、加工所（61㎡）を設置することができ、卵をふんだんに使ったよもぎ・ごま・牛乳入りの「手造りかりんとう」で300万円の販売額をあげた。しかしこの商品は、地域産物にこだわったために材料費が60％を占めることになり、経営的な未熟さにも気づかされることになった。そのため渡邊らは、当初の目的の「美味しく誰からも好まれ、自信をもち安心して店先に並べられるものづくり」を貫くために、全員で農業普及センターの経営講座を受講した。

1986年に、「女性の力だけでも経営できる組合づくり」と目標で、農事組合法人畦道グループ食品加工組合が設立された。そのため、それまでの生活改善活動と加工組合の役割分担をして、労働条件の明確化（労働と休憩時間と時間給等）と社会保障の整備（労災保険・失業保険・ＰＬ法対応保険）等が整備された。この法人化は、会員及びパートの農家の若妻による新たな気持ちでの活動に結び付いたため、販売ルートも拡大でき、6種類のかりんとうで販売額を1200万円まで伸ばすことができた。

1990年の大分一村一品運動顕彰での受賞がキッカケで、かりんとう宣伝販売のための「海外市場開拓推進事業」の一環としてシカゴを訪問した。このころには、かりんとうの種類が増え、しょうゆ味・カラシ味・唐辛子入り等注文に応じた生産が行われていた。また、休耕田を利用したハト麦・かぼちゃ・ニンジン・ねぎ・大豆等を入れた新商品づくりにも挑戦が行われた。

1988年からは町内の小学校3年生の社会見学の場として、1993年からは中学生の職場体験の場として加工所が開放されて現在まで続いている。地域の小・中学生の研修の場になれたことは渡邊らの夢でもあった。それは、加工所を訪れた子供たちの中から、いつの日か後継者があらわれてほしいという願いがあるからである。

渡邊は、加工活動が大きなウェイトを占めるようになっても、この活動の源である生活改善活動は大切にし、常に5つのベル（食べる・しゃべる・比べる・調べる・さしのべる）を鳴らし続けるグループでありたいと話している。

そして、今日の豊かさの中での教育問題の1つの支援として、食育・食農の現場として、また、知識・知恵等はオープンに提供することも継続していくと言っている[109]。

## 5　一村一品運動におけるファシリテーターの役割

### 一村一品運動の人づくりと考える農民

大分県の一村一品運動では、行政トップでありこの運動の提唱者である平松知事自らがリーダーシップを発揮して様々な組織的な展開を行った。平松は次のように述べている。

「一村一品運動の究極の目標は人づくりです。先見性のある地域リーダーがいなければ、一村一品運動は成功しません。何事もチャレンジできる創造力に富んだ人材を育てることが重要です」（平松 2006）[110]、「活性化している地域には、必ず優れたリーダーがいたことを痛感した。このリーダーの哲学を学ぼう、地域づくりの心を学ぼう、そして学んだことを自分たちの地域で実践しよう」という発想から、地域リーダーの育成を目的とした「豊の国づくり塾」が設立された 。

一村一品運動では、平松が示した「人づくり」によって、塾生の相互交流と地域で活動を牽引するリーダーの育成が進められた。また、1948 年に公布された農業改良所助長法に基づき、中央政府と都道府県との協同農業普及事業として発足した農業普及制度がこの運動を下支えすることになった。大分県庁に所属する専門知識を持つ生活改善普及員と専門技術員からなるチームが、農村地域の生産者の力を引き出すだけでなく、その引き出した力を効果的に活用できるような環境も創り出していった。

生活改良普及員として農村を回り、農村の実情を探り、農村女性の自立を専門技術員としても後押しした先述の後藤は、平松が主導した「豊の国づくり塾」において 1994 年に開設された「大分県一村一品女にまかせろ 100 人会」の主催者になり、その後も「NPO 法人大分人材育成・地域文化交流協会」として人づくりに貢献している。

また、1950年に第2代の農業改良局長になった小倉が、「考える農民の育成」というスローガン[112]を提唱したことは前章で述べた。農村の民主化を目指した農業普及制度における普及員の任務は、指導に盲従してただがむしゃらに「働く農民」を解放し、自主性をもった「活きる農民」、「考える農民」、「夢見る農民」に育てていくことであるとされた。

農林省は、1959年に「考える農民」の資質として自主性、科学性、実践力、進取性、社会性を挙げているが、一般的には「考える農民」は「自ら考え、自ら判断し、自ら行動し、自ら行動結果に対し責を負う農民」として理解されている[113]。

行政側が明示した普及理念は、このキャッチフレーズに乗って普及員の口々で唱えられるようになった。生活改善事業の目的は、「考える農民の育成」と「農家生活の向上」が二本柱であった。目的の達成のためには「生活技術の改善」と「普及方法の充実」という内容の教育的手法がとられた。

図表70は、1954年に農林省農業改良局普及部生活改善課が作成した「生活改善普及活動の手引き（その1）」である 。農村の生活改善普及事業において、「考える農民」の育成が柱になっていることがわかる。そしてその手段として「グループ育成」を掲げているが、「集団思考の場なる生活改善グループ、受け入れ組織としてのグループ、仕事伝達促進の場になるグループはこの目的の手段ではない」と断り書きをしているのは、当時の農村における社会主義運動への警戒からだと考えられる[114]。また、仕事を進める方法においても、トップダウン型の形式になっている。

ここまでの考察をまとめると、大分県の一村一品運動では、人づくりとして「考える農民」を育てることが生活改善普及員の使命であったことがうかがえる。そして、生活改善普及員が生活改善グループ育成に力を注いだのは、農村女性の社会進出であったことは、「豊の国づくり塾」の概要をみても明らかであろう。

では、具体的に生活改善普及員は、農村における「考える農民」という人づくりにどのように貢献してきたのか。

1954年の農林省の手引書が示す（図表70）生活改良普及員が仕事を進める方法により、次のリサーチクエスチョンを設定してみた。

【図表 70　生活改善普及事業の目的と手段】

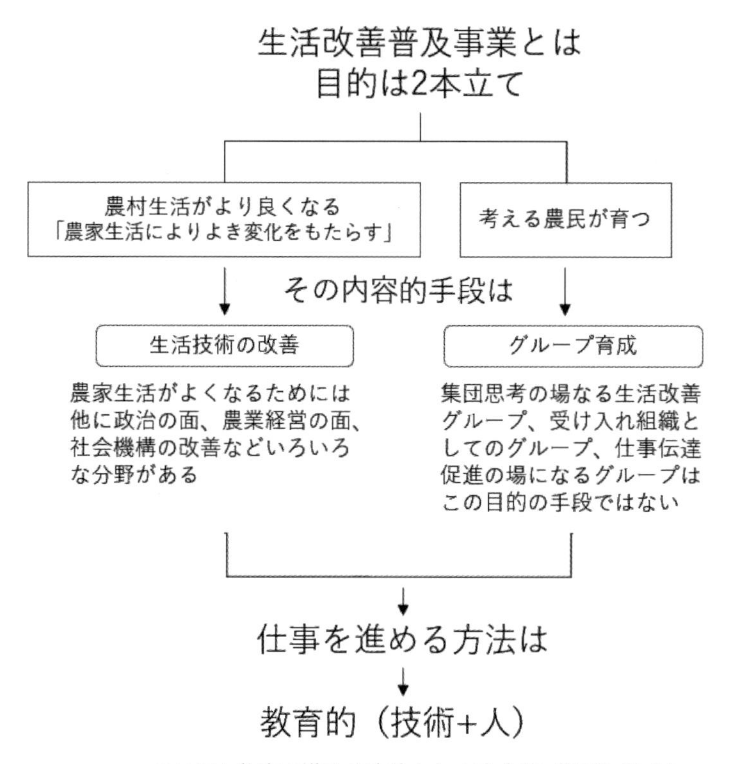


（出典）農林省農業改良局普及部生活改善課編（1954）「生活改善普及活動の手引き(その1)」

①トップダウン式に技術と法令を一方的に伝えたのか。

②資金・物資の面で支えたのか、ということである。

①については、前章での考察で得られたことは、農村の生活改善運動の取組みは、地域によって様々な事情がことなり、定型化されたマニュアルなどはなかったために、生活改良普及員は、その現場対応した対策を講じる必要があったということであった。

ということであれば、法律においては、細かな規則まで制定されていないことになる。生活改善における技術も、かまど改良事業が示すように地域によって様々であったため、トップダウン型の教育は成りたたず、現場の知見を積み上げていくボトムアップ型の指導となった。

②については、潤沢な資金は存在せず、これもかまど改良事業の事例となるが、生活改善グループでは、「つもり貯金」、「グループでの無尽」、「共同購入による差額貯金」など、まさにマイクロファイナンスの仕組みによる資金づくりが行われた。したがって、国や自治体が一村一品運動を資金・物資面で支えたとはいえない。

大田は生活改善普及員の役割を、「生活改善技術を備え、普及方法を持ったファシリテーター」と 定義している。そして、生活改善普及員型ファシリテーターの特徴を、生活改善技術、普及方法、支援体制の３つの視点から分析する[115]。

## ファシリテーターとしての生活改善技術

生活改善普及員が持つ生活改善技術は、農村住民の「気づき」を促し、その「気づき」を遊離させないことであった。「気づき」とは、農村女性にとって当たり前すぎて意識されることもない、あるいは状況を変えることができるとも考えられたことがないようなことかもしれない。生活改良普及員は、このような潜在的な問題を、農村の女性たちが意識化できるように、女性たちが自分たちの状況について考えるための場（「集団思考の場」）や仲間（「生活改善実行グループ」）をつくるための働きかけを行った。

そして、農家生活の専門家・技術者として生活改良普及員が拠りどころとしていた生活改善技術は、アメリカの家政学を拠り所とした科学･合理的で、人を説得するに足り、総合的で応用範囲が広いものであった。またその技術は活動地域、あるいは対象グループのニーズに合わせて、農村住民と共に開発し改善するという柔軟性もあった。

それは場合によっては「技術」と呼べるようなものではなく、ちょっとした「工夫」や、同じものを別の角度から見る程度の「改善」でしかなかったかもしれないが、いずれにしても農村女性の愚痴やぼやきを糸口に意識化された「気づき」から生み出された日常生活のための技術であった。そのため当人たちの役に立ち、誰にでも受入れられることで「気づき」を遊離させないことができた。

### ファシリテーターとしての普及方法

生活改善の普及方法は、気づいた人を遊離させないための手立てだったといえる。「気づき」が促された結果、気づいた人が浮いてしまう（あの人はおかしいのではないかと思われる）、その人やグループだけが突出してしまい、家族や周囲の理解や協力が得られない、ほかより抜きん出ていたつもりがいつの間にか周縁化されてしまうなどということは、農村社会ではありがちな傾向であった。

農村の生活改善においては、借り物の技術に頼り、技術を移転するだけの指導では、「外から入ってくる」技術や、指導者への依存度を高めるだけで、農村住民が自らの創意工夫で生活を改善していこうとする自主自立性は育たない。技術伝達型普及アプローチの経験から学んだ教訓[116]から、生活改善普及員が用いる普及方法が編み出された。それは「考える農民の育成」をめざし、人々の主体形成過程を促すというまったく新しい普及のアプローチであった。

これはたとえではあるが、生活改良普及員は時として、自分がおんぶしながら農村住民の「気づき」を促し、次第に二人三脚へと移り、紐を解き、そして手をとってともに歩き、最終的に独り立ちができるまで見届ける。つまり決して無責任に「気づき」を促すことはなかった。そして、普段からの観察や頻繁な接触により、生活改良普及員は農村住民が気づいたときや、おんぶをおろすタイミングを逃さないよう心掛けていた。

おんぶをすることまでは簡単だが、いつまでも人々の自主性が育たず、生活改良普及員が背負い込んでしまうとか、逆に生活改良普及員のほうが、信頼関係が崩れるのではと危惧しておんぶをおろすことを怖がってしまうなどのケースも少なからずあったと思われる。手を離すタイミングは難しい。難しいものだからこそ、生活改良普及員は、いつかは農村住民から「手を離す」ことを念頭においてグループ支援に臨んでいた。そして機が熟せば（およそ３～５年）、そのグループを濃密指導地域から外して独り立ちさせ、生活改良普及員は別の地域の指導に移っていったのである。

### ファシリテーターとしての支援体制

生活改良普及員は、ターゲット・グループの家族や地域の人々も巻き込みながら、グループメンバーが安心して活動できる環境を整え、またその活動や成果をオープンにし、地域へフィードバックするためのあらゆる工夫を行った。

具体的には展示会、活動発表会、種々のコンクールなどのイベントがあった。もちろん生活改良普及員が1人でこれらの行事を手掛けたわけではない。役場主催のお祭りや農協の農業祭、新聞社等民間機関が出資するコンクールもたびたび活用した。このような催しはグループの活動が地域から遊離しないように一般に広く知らしめることができ、生活改善活動の啓蒙、広報に役立ったと考えられる。

またこれらのイベントには、全国規模で行われるものもあり、各地区の代表者は県、ブロック、全国大会へと進んでいくことができた。主催者側から見ると、全国の優良事例およびよりよい活動のための提言を集める最も効率的な方法であった。

このようにして収集された事例は、文書化、ビデオ化され、再び各地へ還元され、提言は政策に反映される仕組みとなっていた。このようにしてグループ員たちの気づいた結果は、地域からも中央からも遊離しないような配慮があった。

## 6　結び

一村一品運動は、過疎問題に直面した大分県が県民の知恵を結集して取り組んだ地域創生事業である。この事業は1979年から6期24年知事を努めた平松守彦が主導した。一村一品運動の取り組みにあたり平松が参考にしたのは、農業改良運動として取組まれていた大山町のNPC運動であった。

天瀬町の事例では、生活改善普及事業を通した人材育成や活動を発展させた畦道グループの取り組みを見た。このグループは、農家の婦人が中心となって活動している生活改善グループ（現在は生活研究グループ）である。

グループの活動当初には、農村部の過疎、環境不備、就労の場なしの状況があり、生活改善普及事業が行われていた。生活改良普及員として県から派遣されていた渡邊が、農村女性に直接普及指導に当たり、製品開発のための技術指導や行政との繋がりをつくる面において大きな役割を果たした。

当時、外出さえままならなかった農村女性には、生活改善を通して、外に出たい、仲間と楽しく話しながら生活を送りたいという動機があった。そして、1980年に畦道グループによる「かりんとう」づくりが始められた。グループのファシリテーターとしての渡邊によって、グループ参加者に「気づき」がもたらされた。この「気づき」によってグループの活動方針の改良を行っていったのである。

天ヶ瀬町の例では、生活改良普及員は県や専門家と住民を結ぶ人的ネットワークも持っていて、活動が軌道に乗ってからは、補助金や助成金の適用を受け、税理士の指導を受けてグループは法人化された。農業経営士の資格をもつ渡辺は、家事や農業との両立ができない状態では、グループの継続が困難であると気づき、生活改善活動と加工組合の役割分担をして、労働条件の明確化（労働と休憩時間と時間給等）と社会保障の整備（労災保険・失業保険・PL法対応保険）等に取り組んだのである。

畦道グループでは、活動開始時には渡邊が生活改良普及員として活動の方向づけを行い、成長期には渡辺がリーダーの役割も果たした。そして，このグループは、県が用意した場を活用することで活動や商品のプロモーションを行い、活動を通し農村女性を成長させたといえる。

一村一品運動のファシリテーターの役割は､人々の「気づき」に配慮し､「気づき」によって、農村住民の改善活動が、その人やグループだけが突出してしまうことで、家族や周囲の理解や協力が得られなくなり、ほかより抜きん出ていたつもりがいつの間にか周縁化されてしまうという「気づき」からの遊離をさせない工夫をしていた。

次にファシリテーターの役割の特徴を3点に要約する。

①生活改善普及員は、人々の「気づき」を促すだけでなく、衣食住、家庭管理といった農家生活全般に関わる問題に対し、何らかの形で対処できる即

戦力的な「生活改善技術」を持っていることによって、人々の気づきを遊離させずに、改善へと導くことができる。

②気づいた人が周囲から遊離しないように、組織を育て（「グループ育成」)、改善意欲を持続させ（「課題解決」)、個々の生活改善から社会活動へと発展させる「普及方法」を採用している。

③生改自身が行政組織や技術支援等の「支援体制」に取り込まれているために、行政システムや地方自治体のなかで遊離しない。また気づいた結果、つまり気づきから展開された住民の活動が、地域および現地行政から遊離してしまわないように、住民活動の「支援体制」が構築された。

生活改良普及員のファシリテーターの役割には、この３つの特徴があったからこそ、住民からも、他の関連職従事者からも、行政からも、遊離することなく地に根を張った活動が展開でき、「わが家の生活の改善」というミクロな草の根レベルの活動から出発して、地域全体をマクロに取り込んだ農村開発へと発展させることが可能であったといえる。

本章では、大分県で展開された一村一品運動の取り組みをみてきたが、それは第二次世界大戦後の GHQ の指導政策として実施された農村の生活改運動と密接に結びつくものであったことがわかった。

そして、この一村一品運動をけん引した生活改良普及員のファシリテーターの役割は、2000 年以降に、国際協力機構（JICA ＝ Japan International Cooperation Agency）によって、開発途上国における日本の支援に採用されることになる。

従来の先進国と開発途上国との関係は、援助する者と援助される者の構図が単純であった。しかし、このような単純な構図からは援助される側にリーダー的な人材が育ちにくい。このようなトップダウンアプローチからの転換を図るために、農村開発に限らず途上国に対するあらゆる分野の開発協力のあり方に、ボトムアップ型の参加型アプローチが導入されている。

1970 年代に NGO による草の根レベルの実践から始まったこのような住民主体の「参加型開発」へのパラダイムシフトの試みは、1990 年代には国際機関や JICA をはじめとする日本の各援助実施機関にも積極的に取り入れられ、開発援助の主流をなしている。

## 引用

71　八幡和夫「47 都道府県うんちく事典」PHP 研究所、ｐ 137-138
72　（社）大分県地域経済情報センター（1982）「大分県の『一村一品運動』と地域産業政策」
73　矢羽田正豪（1947 ～）は 1964 年に大分大山町農協入所、営業と外商部門を設立するなど辣腕を振るい、2010 年から組合長。今村奈良臣・東大名誉教授は同農協を視察・研究して「農業の 6 次産業化」を打ち出した。
74　NPC 運動は、大山町の地勢が稲作に適しない山間部であることを逆に生かし、「梅栗植えてハワイに行こう」というキャッチフレーズの下、山間部でも発育可能で、農作業が比較的楽な農作物を生産して出荷するほか、付加価値が高い梅干しなどに加工して販売する運動だった。
75　矢幡治美（1912 ～ 1993）は酒造屋の 4 代目であったが、1954 ～ 1987 年まで大山町農業協同組合長を務める傍ら 1955 年から 4 期 16 年大山町長を兼任した。1961 年から 3 次にわたる NPC 運動を主導した。
76　池永千年は 1961 年に大山町農業改良普及所長として赴任し、村役場に常駐していた。
77　平松守彦（1990）「地方からの発想」岩波新書
78　大分県広報広聴課編（2000）「豊の国づくり塾：継続は力」豊の国づくり運動推進協議会
79　財団法人あしたの日本を創る協会（2010）「あしたのまち・くらしづくり 2010 活動賞 総務大臣賞」http://www.ashita.or.jp/publish/furu/A2010/2010/03.htm（2021 年 1 月 3 日）
80　大森彌監修（2001）「一村一品運動 20 年の記録」大分県一村一品 21 推進協議会、ｐ 38-40
81　平池久義（1993）「大分県における一村一品運動について―地域革新の視点から―」『平成 5 年産業経営研究所報』九州産業大学産業経営研究所
82　同掲書 7、ｐ 146-147
83　向井加奈子（2017）「ビジネスと連携した一村一品運動におけるファシリテーターの機能」法政大学博士（公共政策学）審査学位論文、ｐ 56、法政大学学術機関リポジトリ
84　中小企業基盤整備機構（2013）「平成 24 年度、女性の潜在能力を活用した一村一品運動に係る調査最終報告書」2013 年 3 月、独立法人中小企業基盤整備機構国際化支援センター
85　平松のあとを受けて知事に就任した広瀬勝貞知事は、一村一品運動の一定の成

果は認めながらも、多品種少量生産に偏り市場の需要に応えられなかったことや、同じ品目を複数自治体が掲げてブランドが乱立したことで、「農業全体としては競争力低下を招いた」（県幹部）との反省を基に、「集落営農業」を柱に一村一品運動の更なる改新を進めた。

86　2019年11月13日、官報掲載の三和酒類株式会社 第61期決算公告。

87　帝国データバンク（2016）「2015年焼酎メーカー売上高ランキング」

88　2020年10月26日三和酒類本社にて著者による都甲誠海外営業部長インタビューより。

89　ビリーバンバンは菅原孝と進による兄弟フォークデュオとして1960年代から活動していた。1976年に解散するが、1984年再結成した。

90　SANWA_Action_Report_2018、https://www.iichiko.co.jp/comp/environments/SANWA_Action_Report_2018.pdf

91　2020年10月26日三和酒類本社にて著者による都甲誠海外営業部長インタビューより。

92　大分県宇佐市出身、1938年生まれ。東京農業大学醸造学科卒業後、三和酒類株式会社に入社。1972年代表取締役、1989年社長就任。1999年より現職。

93　BS-TBS（2006年3月25日放送）「グローバル・ナビ」

94　BS-TBS（2006年3月25日放送）「グローバル・ナビ」

95　向井加奈子、藤倉良（2014）「一村一品運動の継続を可能にする要因」『公共政策志林』法政大学公共政策研究科『公共政策志林』編集委員会、p 87-100

96　同協会は、、1994年に一村一品運動の推進を目指して結成された「大分県一村一品女にまかせろ100人会」が前身である。働きに出る夫に代わって農地などを守っていた農山漁村の女性たちが、社会的な立場を確立しようと集まった。100人会は、農家らの所得向上を目指し、「みそ」や「かりんとう」などの加工品の販売を始めた。

97　同掲書12、p 60-63

98　一村一品運動が始まった1979年の大卒の初任給は109,500円であった。大卒初任給年次統計、http://nenji-toukei.com/n/kiji/10021/

99　「機能する組織」とは、自分の興味や得意なことでつながり、能力を発揮する集団である。

100　（有）メルヘンローズは、切バラ生産、バラ苗生産、バラ育種を行っている生産会社である。8名の生産農家が集まって、日本一のバラ生産を目指して共同で山を切り開いて造成して施設をつくった。https://www1.gifu-u.ac.jp/~fukui/03-1-047.htm（2021年1月5日閲覧）

101　野津原町（現大分市野津原）の森下フク（森下食堂）が 1968 年頃から生活改善の一環として始めた「減塩みそ」が町の一村一品に指定された。現在は国産の大豆不足と高齢のため活動を停止している。https://ameblo.jp/hyoutankun/entry-12400544338.html（2021 年 1 月 5 日閲覧）

102　渡邉晃子は大分県の生活改善普及員でもあった。

103　財団法人あしたの日本を創る協会主催

104　平成 28（2016）年度日本農林漁業振興会会長賞受賞者受賞理由概要、https://www.maff.go.jp/j/keiei/kourei/danzyo/attach/pdf/d_jirei-5.pdf

105　2005 年に前津江村、中津江村、上津江村、大山町とともに日田市へ編入合併。

106　財団法人あしたの日本を創る協会 H.P.、http://www.ashita.or.jp/publish/furu/f2004/46.htm

107　現在、坂道グループ、畦道グループ、若竹グループ、さくら工房、三つ葉の会、菜の花畑の 6 グループで構成されている。

108　上掲 35

109　平松守彦（2006）「地方自立への政策と戦略―大分県の挑戦」東洋経済新報社、p 60

110　平松守彦（1990）「地方からの発想」岩波新書、p 84

111　農林省農業改良局普及部生活改善課編（1954）「生活改善普及活動の手引き（その 1）」

112　太田美帆（2004）「生活改良普及員の登場」『生活改良普及員に学ぶファシリテーターのあり方－戦後日本の経験からの教訓－』準客員研究員報告書、JICA 緒方研究所、p 27-28

113　日本では第二次世界大戦後の 1948 ～ 49 年にかけて、社共合同運動が最盛期を迎えたことがあった。この時期にいたる過程で、終戦直後から人民解放連盟、民主人民連盟、人民戦線・民主戦線・共同戦線、救国民主連盟、民主戦線結成促進会、労働戦線・農民戦線、民主民族戦線、民主主義擁護同盟、吉田内閣打倒統一戦線など、様々な「戦線」「同盟」「連盟」の試みが出た。

114　太田美帆（2004）「『生改型』ファシリテーターの特徴」『生活改良普及員に学ぶファシリテーターのあり方－戦後日本の経験からの教訓－』準客員研究員報告書、JICA 緒方研究所、p 78-81

115　農民研究グループを通じた適正技術開発・普及プロジェクトの FRG ＝ Farmer Research Group では、参加型農業研究の必要性が 1970 年代より指摘されるようになり、様々な参加型の研究や開発アプローチが試みられてきた。

# 大分県の一村一品運動と生活改善運動

**【要旨】**

大分県で始まった一村一品運動は、平松知事による独自のローカル外交が展開されたほか、国際協力機構の青年海外協力隊などを通じて、中華人民共和国・タイ王国・ベトナム・カンボジア、アフリカ、中米エルサルバドルのような海外にも広がりを見せている。日本国政府も開発途上国協力の方策として、当該国での一村一品運動を支援している。それは、一村一品運動の理念に地域と世界をつなぐグローバル化、地域が自ら考え工夫する自立化、運動を担う人材育成などがあるために、2015 年に国連で採択された SDGs アジェンダ 2030 に通じるものが多いと考えられるからである。

前章では、第二次世界大戦後に GHQ の指導政策（洋才）として取組まれた農村の生活改善運動が、地域独自の力（和魂）をもって、大分県で一村一品運動につながったことをみたが、本章では、さらに一村一品運動が日本の知恵と技術として、開発途上国の支援に結び付いていくことをみていく。

## 1　はじめに

人づくり・地域づくりを伴った大分県の一村一品運動の成果は、貧困や都市部と農村の格差といった、当時の大分県と同じような問題を抱える途上国のリーダーにも注目され、One Village One Product（以下 OVOP）として、世界 30 か国以上に国家戦略や技術援助プロジェクト等として導入された。ビジネスと連携しながら地域を活性化させた大分県の事例が、開発途上国の行政官を通して成功事例として紹介され、それぞれの国の中小・零細企業、および生産者グループといった活動の主体に伝えられたのである。

この場合、一村一品運動を学ぶ開発途上国の行政官の関心は、一村一品運動が地域の事情に応じて積み上げられてきた過程や現場で取り組まれた住民の様々な苦労を通り越して、個々の成功事例に見られる一村一品運動における特産品の具体的な生産技術や販売ノウハウなどへ向いてしまうことが多かった。そのため、一村一品運動の上澄みのノウハウだけを早急に母国へ移転しようと考えがちであった。

しかし、ビジネスのノウハウを開発途上国の地域活性化活動にどのように取り入れ、開発を進めていくかについての方針はいまだ明確ではなく、開発援助とビジネスというこれまであまり結び付けられていなかった分野における橋渡し役に求められる機能についても詳細な分析がなされてこなかった。そのため、他のプロジェクトの結果だけを見て安易に開始され、期待される成果が得られなかったプロジェクトも少なくない。

ビジネスと連携した日本の一村一品運動の経験を開発途上国で普及・発展させるためには、どのようなアプローチが効果的なのであろうか。開発途上国に暮らす住民が他所から持ち込まれた一村一品運動という政策を採用し、自らの力を発揮するよう促すためにはどのような点に注目すべきなのか。そして、それらを実行するために援助側は何をするべきなのか。この場合、援助側は、開発途上国の行政官の成果主義による関心を頭から否定するのではなく、それ自体はやむをえないこととし、むしろそこを出発点とすべきではないか。

本章では、国際協力機構（以下 JICA = Japan International Cooperation Agency）が開発途上国で協働した OVOP の事例をみることで、日本の知恵と技術が開発途上国の支援に結び付いていくことをみていく。

## 2　海外へ普及する大分県の OVOP

### 大分県が OVOP を通じて海外の自治体と行った地域間交流

1979 年から 24 年にわたって大分県で一村一品運動を主導した平松は、海外へも一村一品運動の紹介を積極的に行っている。向井による 2011 年 8 月に行った平松へのインタビュー調査によれば、一村一品運動の海外への紹介は、1983 年に平松県知事が中国上海市の市長の招待を受けたことに遡る[117]。

## 【図表71　大分県がOVOPを通じて海外の自治体と行った地域間交流】

| No. | 地域 | | タイトル | 開始年 | 備考 |
|---|---|---|---|---|---|
| 1 | 中国 | 上海市 | 一廠一品運動 | 1986 | 1983年8月、平松知事一行が上海市を初訪問、続いて1985年5月にも上海市、武漢市、西安市を訪問し、一村一品運動について講演を行う。　以後中国全土に一村一品運動が知れわたり、1986年の呉学謙外相、1987年の田紀雲副首相など国の要人のほか、毎年各地から多くの人々が来県し、一村一品運動の視察や技術研修などを通した幅広い交流が続いている。 |
| 2 | | | 一街一品運動 | | |
| 3 | | | 一区一景運動 | | |
| 4 | | | 一村一宝運動 | | |
| 5 | | 江蘇省 | 一郷一品運動 | | |
| 6 | | | 一鎮一品運動 | | |
| 7 | | 陝西省 | 一村一品運動 | | |
| 8 | | 江西省 | 一村一品運動 | | |
| 9 | フィリピン | | One Barangay, One Product Movement | 2001 | アロヨ政権がOTOP（One Town One Product）プログラムを開始 |
| 10 | | | One Region, One Vision Movement | | |
| 11 | マレーシア | ケダ州 | Satu Kampung, Satu Produk Movement | 1991 | １Ｋ１P（One Kampung One Product）運動（ケダは、当時のマハティール首相の出身地 |
| 12 | 台湾 | 高雄市 | 一郷一物一文化運動 | 1993 | |
| 13 | インドネシア | 東ジャワ州 | Backto Village | 1995 | 「村へ戻る運動」（Gerakan Kembali ke Desa: GKD）がスディルマン州知事の指導で開始 |
| 14 | タイ | | One Tambon, One Product Movement | 2001 | タイでタクシン首相の指導力のもとOTOPプロジェクトが開始 |
| 15 | カンボジア | | One Village, One Product Movement | 2009 | |
| 16 | ラオス | | Neuang Muang, Neuang Phalittaphan Movement | 2003 | 経済政策支援プロジェクト（MAPS）がJICAにより実施 |
| 17 | モンゴル | バヤンホンゴル県 | Neg Bag, Neg Shildeg Buteegdekhuun | 2006 | モンゴル零細・中小企業支援プロジェク（Enterprise Mongolia Project）の主要な活動である一村一品運動 |

（出典）国際一村一品運動協会webサイト「一村一品運動を通じたローカル外交」を参考に著者作成　http://www.ovop.jp/jp/ison_p/gaiko.html

上海市はすぐに一廠一品運動を開始した。隣接の江蘇省でも1984年に一郷一品運動、一鎮一品運動が始まる。これらに触発された武漢市は1985年、平松県知事を招待した講演の後、一村一宝運動を開始させた。1986年の呉学謙外相、1987年の田紀雲副総理など、中国国家首脳も訪日の際に大分県の一村一品運動の現場を訪ねた。当時の中国では、郷鎮企業の振興策として一村一品運動が注目されたのである。

1990年代に入ると他のアジア諸国へ一村一品運動が紹介されていく。

1991年には、マレーシアのケダ州（OKOP=One Kampung One Product）、1993年にはフィリピンのラモス大統領来日をきっかけとしてフィリピンへ紹介されたほか、台湾の高雄市（一郷一物一文化運動）、そして、1995年には東ジャワ州村へ帰る運動（GKD=Gerakan Kembali ke Desa）で一村一品運動が開始されている。

1995年にインドネシア・東ジャワ州で実施された「村へ帰る運動」は、州政府プロジェクトとして県・市への介入が強められたため、現場レベルでの主体性が失われ、実施数年後に失敗に終わった[118]。 1972年から開始された韓国のセマウル運動[119]は、自立自助の地域活性化を目指す点で一村一品運動と共通性をもつが、そのリーダーたちと大分県の一村一品運動関係者との交流が1991年から続いている。2001年からは、タイでタクシン首相のもとOTOP（One Tambon One Product）プロジェクトが開始された。続いてフィリピンでもアロヨ政権がOTOP（One Town One Product）プログラムを開始した。2006年にはモンゴルのバヤンホンゴル県でモンゴル零細・中小企業支援プロジェクとして一村一品運動が開始された。

### タイのOTOP

タイのOTOPは、2000年に愛国党（タイ・ラック・タイ）の当時の党首であったタクシン・チナワット[120]が首相に就任してからまもなく、農業振興政策の一環として開始された[121]。

タンボン（Tambon）とは、いくつかの小村（ムー・バーン）で構成されたタイの行政区（以下、村とする）を意味している。タクシンが農村振興を強調した理由の1つは、チュアン前政権の緊縮政策で支援が届かなかったとされる、国民の8割を占める農村住民を支持基盤に取り込むためという政治的理由があった。

OTOP政策に関わったのは、主に内務省のコミュニティー開発局であり、その他にも商業省、農業・農業協合組合省、教育省、タイ観光公団（TAT）などが部分的にOTOP政策と連携した。OTOPの施体制は、頂点にOTOP全国委員会があり、その下に首相府管轄のOTOP推進事務局、県OTOP委員会、郡（準郡）OTOP委員会、そしてタンボン行政区委員会が置かれ、ヒエラルキーが構成されていた。

また、OTOP 政策の重要な柱として、地方の独自性を生かした運営というものがあり、1997 年のタンボン自治体法により、各タンボン（村）は法人格を与えられ、国から直接補助金を受けることができるようになっていた。高梨は、予算の編成やプロジェクトの承認などの面でタンボン独自の政策を打ち出せるようになったことも、OTOP 政策「成功」の要因の 1 つだと言っている[122]。

タイ首相府のマスタープランによると、OTOP 政策の目的として、次の 10 項目が挙げられている[123]。

①地域の経済活動の活性化
②地域の雇用機会の創出
③地域の所得および生活水準の向上
④都市から地方への「U ターン」促進（特に若年労働者）
⑤住民参加と創造性、ビジネスマインドの促進
⑥地域の資源・人材・文化・歴史条件の最大限の活用
⑦地域住民の自助努力支援
⑧市場主義による高付加価値製品の生産
⑨環境に優しく商業的に持続可能な製品の生産
⑩ステップ・バイ・ステップ・アプローチ：初期段階は地域や国内の市場向けの製品づくりを行い、最終的には国際市場で販売可能な製品の生産への移行

武井によるタイにおける一村一品運動と農村家計・経済への影響を調査した研究がある。2004 年のタイ内務省のデータによれば、内務省登録済の OTOP 製品数は全国 76 県 3 万 7754 点に上る。全国の総タンボン数は、2000 年の人口センサスでは 7254、平均すると 1 タンボンあたり約 5 つの OTOP 製品が登録されている計算になる。

OTOP 製品の内容は、主に食品、飲料、手工業品、装飾品、宝石、家具、ハーブ製品などである。製品は OTOP 全国委員会の評議会によって毎年ランク付けがなされ、それによって 1 ～ 5 の星が与えられる（5 つ星が最高）。この星は、政府が定めた基準にしたがって OTOP 委員会が認定するものである[124]。

**【図表 72　平松の一村一品運動の理念と OTOP の政策との符合】**

| 平松の一村一品運動の理念 | OTOPの政策 |
|---|---|
| ローカルにしてグローバル | 10．ステップ・バイ・ステップ・アプローチ |
| 創意工夫、自主自立 | 5．住民参加と創造性、ビジネスマインドの促進<br>7．地域住民の自助努力支援 |
| 人づくり、地域づくり | 2．地域の雇用機会の創出<br>6．地域の資源・人材・文化・歴史条件の最大限の活用 |

（出典）著者作成

ビジネスマンから政治家になったタクシンの指導力が発揮されたと言えるが、OTOP の政策には、平松の一村一品運動の理念と符合している（図表 72 参照）。

そしてさらに、平松以後の大分県に特産品のブランド化推進を予見した「8. 市場主義による高付加価値製品の生産」、SDGs2030 アジェンダを予見する「9. 環境に優しく商業的に持続可能な製品の生産」などが盛り込まれている。

OTOP 政策は、2001 年に開始以来、タイでは成功を収めた政策として知られている。OTOP 開始後 4 年目にあたる 2004 年度の OTOP 製品の総売上額は、タイの GDP の 1%に相当する 460 億バーツ [125] で、当時の政府とマスコミははこの数字を「大成功」と高く評価した [126]。

市場別では、売上額のうちの 4 分の 3 にあたる約 360 億バーツが国内販売額、残りの約 100 億バーツが輸出額（タイの総輸出額の 0.5%相当）であり、OTOP 製品は国内需要に支えられていた 。

## 大分県の取り組み

大分県ではこれまで、財団法人大分県国際交流センター（2005 年 3 月解散）、大分県一村一品運動推進協議会（1981 年設立）やその後継にあたる現在の NPO 法人大分一村一品国際交流推進協会などを窓口として、積極的に海外への技術協力へ対応し、海外研修生を対象とした一村一品運動に関する様々な研修プログラムが実施された。

特にアジア各国とは、「アジアとの共生」をめざして盛んな交流が行われた。1994 ～ 1999 年までの毎年 1 回、計 6 回に及ぶ「アジア九州地域交流サミット」が開催された。この国際会議は、平松知事の提唱で、アジア各国と九州の自治体トップが一堂に会し、地域経済の活性化や人材育成、環境問題などについて話し合われた。

また、立命館アジア太平洋大学（APU = Asia Pacific University）が 2000 年 4 月に別府市に開学した。専攻は、アジア太平洋学部とアジア太平洋マネジメント学部の 2 学部、アジア太平洋研究科と経営管理研究科（MBA）の大学院 2 研究科がある。2005 年から入学定員がアジア太平洋学部 445 名から 650 名に、アジア太平洋マネジメント学部 445 名から 600 名へと増加し、学部全体の収容定員が 5,000 名となっている。APU は学生数の半分が外国人であり、多くの授業を英語で行っている。APU 開学は、平松知事のローカル外交の取り込みの成果として実現した。

### 平松が抱いた OVOP の海外展開での危惧

こうした大分県の活動に JICA も注目し、1998 年にマラウイへの支援を目的とした一村一品運動ワークショップを開催している。現在では、30 か国以上で一村一品運動が国家政策や援助プロジェクトとして導入されている。

しかし、それらについて平松は、「その多くは、首脳や行政トップが導入を決定し、派閥の No.2 が指揮を執る。そのため、運動は政治力の及ぶ範囲で進められている」と語っている（向井のインタビュー調査、2011 年 8 月）[128]。

平松のこの指摘は、一村一品運動を海外へ伝えるのは大分県の行政官であり、伝えられた側もそのほとんどが中央政府の行政官であることを言っている。この場合、伝えられる側には一村一品運動の成功事例のインパクトが強く、その具体的な生産技術や販売ノウハウなどに関心が向けられる。そしてその技術やノウハウを自国に持ち帰り、行政から民間へ移転しようとするのである。

平松が推進した一村一品運動の特徴は、人づくりであった。それはどんなに素晴らしい開発計画を行政がつくっても、それを実際に運用するのは、地元の人たちであるという当たり前の理屈であった。地元の人たちが運用し自分たちの実情に合うよう改良を重ねてこそ本物の開発となるのである。

## 3　JICA が展開している OVOP

### 大分県一村一品運動をモデルにした海外支援

2000 年 9 月にニューヨーク国連本部で開催された国連ミレニアム・サミットにおいて、参加した 147 の国家元首を含む 189 の国連加盟国代表により、21 世紀国際社会の目標として、より安全な豊かな世界づくりへの協力を約束する「国連ミレニアム宣言」が採択された。

この宣言と 1990 年代に開催された主要な国際会議やサミットでの開発目標をまとめたものが MDGs であった。MDGs は国際社会の支援を必要とする課題に対して 2015 年までに達成するという期限付きの 8 つの目標（図表 73 参照）、21 のターゲット、60 の指標を掲げた。

**【図表 73　MDGs の 8 つの目標】**

| |
|---|
| ゴール1：極度の貧困と飢餓の撲滅 |
| ゴール2：初等教育の完全普及の達成 |
| ゴール3：ジェンダー平等推進と女性の地位向上 |
| ゴール4：乳幼児死亡率の削減 |
| ゴール5：妊産婦の健康の改善 |
| ゴール6：HIV/エイズ、マラリア、その他の疾病の蔓延の防止 |
| ゴール7：環境の持続可能性確保 |
| ゴール8：開発のためのグローバルなパートナーシップの推進 |

（出典）外務省 H.P.[ODA 政府開発援助 ] を基に著者作成

MDGs は貧困対策、教育の普及、感染症による疾病蔓延の防止などに一定の成果をみたが､先進国による開発途上国の支援という構図であったために、開発途上国側からの批判もあった。そのため、開発途上国において、経済成長が地域住民に共有され、持続可能なものになるためには、個人及び地域コミュニティーレベルでの経済成長が重要であるとの視点から、支援国の援助方針は発展途上国において地域住民に着目し、地域コミュニティー開発に対する支援が行われるようになった。それは、途上国の貧困地域でも現地の住民達が自分たちで立ち上がって自立したコミュニティーをつくり出すことにより、その地域の活性化が進むという考えと繋がっている。

こうした状況において、OVOPを通じた大分県のローカル外交活動はJICAの注目することとなった。JICAによるOVOPをフレームワークとした開発途上国支援は、現在では30か国以上において、国家政策や援助プロジェクトとして導入されている。JICAキルギス共和国事務所長の丸山は、2009年にキルギスで行われた「日本キルギス・ビジネスフォーラム」において次のことを指摘した[129]。

JICA版一村一品とは、大分県一村一品運動をモデルに、コミュニティー中心の活動であり、コミュニティーで入手可能な資源を環境に配慮した方法で活用することによって、コミュニティー全体の経済的強化につながる活動である。

JICAが開発途上国と進めているOVOPプロジェクトの一例を図表74に示す。

**【図表74　JICAが発展途上国と協力して進めるOVOPプロジェクト(抜粋)】**

| 地域 | 実施機関 | プロジェクト名 | 協力期間 | 目的 |
|---|---|---|---|---|
| 中央アジア | キルギス | OVOP+1 | 2006 | 生産を担う農家組織と、彼らに的確な指示とサポートを提供するOVOP+1とに役割を分担し、〝商品力〟を向上させた。首都ビシュケクのほか国外でも人気の商品が生まれていった |
| | アルメニア | 地方産品・地方ブランド開発プロジェクト | 2016年7月～2019年6月 | 地方中小企業の競争力向上 |
| 中央アメリカ | エルサルバドル | 一村一品アドバイザープロジェクト | 2012年11月～2017年2月 | 地域ブランド制度構築において、地域産品（農産物加工品や工芸品）や地域の特色を売りにした取り組み（観光資源など）を行う。ナショナルブランドとしてのOVOPの認証を通じて地域特産品が創出されるだけでなく、各地域自体の知名度向上及び地域振興に繋がるような地域独自のブランディング化の取り組みへ発展させていく |
| | グアテマラ、ホンジュラス、エルサルバドル | OVOP広域アドバイザー | 2018～2020 | 各国のOVOP生産者が、隣国のOVOP活動を視察し、意見交換会等を行う |
| 南アメリカ | コロンビア：農村開発部農業・農村開発第一グループ第一チーム | 一村一品（OVOP）コロンビア推進プロジェクト | 2014年3 月～2018年2月 | OVOP中央委員会におけるOVOP推進モデルの提案と推進戦略案の策定支援に加えて、策定された OVOP市委員会及び各イニシアチブにおけるアクションプラン及びビジネスプラン実施の支援 |
| | アルゼンチン保健・社会開発省 | OVOPのコンセプトに沿った市場志向型インクルーシブバリューチェーンの構築プロジェクト | 2019年6月～2024年6月 | 市場のニーズを反映した農産加工品／伝統工芸品／農村観光商品などの開発及び地域の特徴を活かした商品のブランディング化を行う |
| アフリカ | ウガンダ | 農産物の収穫後処理及び流通市場開発 | 2003～2007 | 農産物の収穫後処理 |
| | ガーナ | シアバター・プロジェクト | 2008～2009 | シアバターの生産、マーケティング、及びプロモーション |
| | ルワンダ | 一村一品運動 | 2010 | 中小零細企業・協同組合のビジネス振興 |
| | ナイジェリア | 一村一品運動促進支援プロジェクト | 2010～2011 | 農村開発、農産物の貯蔵と流通 |
| | セネガル | 農村零細事業強化・起業家育成支援プロジェク | 2011年3月～2014年2月 | 農村部零細手工業従事者の能力強化を通じた農村部住民の所得向上ならびに地域経済活性化 |
| | モザンビーク | 一村一品運動 | 2010～2012 | |
| | ケニア産業化省 | 一村一品サービス改善プロジェクト | 2011年11月～2014年11月 | 農村地域の中小零細ビジネスの付加価値向上を目指すプログラムとしてOVOPに取り組む |
| | ナミビア | 一村一品運動アプローチによる地方振興（One Region One Initiative： OROI） | 2012 | 一村一品運動プロジェクトの形成 |
| | ザンビア | 一村一品プロジェクト | 2012～2013 | 農村部の開発による持続的な雇用の創出 |
| | タンザニア | アグロインダストリー新興・産業人材育成に係る情報収集 | 2014 | 農産物加工・マーケティング |
| | エチオピア | 一村一品促進プロジェクト | 2014年6月～2015年5月 | 南部諸民族州農業局傘下の組織への技術移転を進め、エチオピア版OVOPを根付かせていく取り組み |
| | マラウイ：OVOPユニオン | 一村一品グループ支援に向けた一村一品運動能力強化プロジェクト | 2014～2019 | マラウイ政府の包括的産業貿易戦略へOVOP戦略を取り込み、OVOP運動を国家戦略の一部としてより効果的に展開する |

（出典）著者作成

## マラウイで始まったOVOP

マラウイでは2003年12月にOVOPがマラウイ政府によって導入された。そこにはJICAと大分県の10年に渡る支援があった。2003年に大分県を視察[130]したマラウイのバキリ・ムルジ大統領のイニシアチブによりOVOP事務局が設置され、JICAの支援を通じて「マラウイならでは」の商品開発が進められた[131]。

マラウイで始まったOVOPの1つの契機だったといえるのは、第1回アフリカ開発会議（TICAD[132] = Tokyo International Conference on African Development）開催直後の1993年11月にマラウイ日本大使館外交団として大分県を訪問したカザミラマラウイ大使が、OVOPに強い関心をもったことが挙げられる。

その関心は同大使館職員によって引き継がれ、マラウイ大使館では大分のOVOPに関する調査が続けられた。そして、マラウイ大使館職員の強い関心に後押しされ、1997年12月には招聘訪問中のアレケバンダ農業灌漑大臣が大分県でOVOPを視察した。1998年10月の第2回TICADには前回同様に財務大臣とマラウイ大使館職員が出席し、そこでOVOPへの関心を大分県側と確認する機会が設けられた。これを受けて、1998年11月には大分県による調査団がマラウイに派遣された。

OVOPをマラウイに紹介したもう1つのチャンネルは、JICA研修である。マラウイからのJICA研修生が参加する地域振興や農村開発の集団研修事業で、継続的に大分県大山町や姫島村の事例がOVOPのコンセプトとともに紹介された。

たとえば1999年よりJICA九州センターが大分県で実施した地域振興研修にはマラウイから計14名の行政官が参加した。彼らが後に自国での一村一品運動導入のイニシアチブをとるネットワークを各省部局でつくり、最初のパイロット・プロジェクト案件形成で中心的な役割を果たした。

このように、主としてTICAD訪問団とJICA研修団をとおしてではあるが、日本側の約10年間に及ぶ準備期間を経て、バキリ・ムルジ大統領は2003年12月に農業省内に担当事務部局を設置し、政府事業としての導入を決断したのである。これによって一村一品運動は、日本の開発援助事業からマラウイ政府の農村開発事業として位置づけられた。その最終的な意思決定を推したのもTICADであった。2003年10月に第3回TICA Dに参加するため来日したムルジ大統領は、大分県の一村一品運動関係機関を訪問し、強い関心を覚えたとされる[133]。

## 4　海外でのOVOPの問題点

### 成功事例としての世代を繋ぐ人づくり

海外へ伝えられたもののほとんどは、大分の一村一品運動や環境保全型観光の成功事例と見なされた事例であったことである。それは大山町の梅栗であり、由布院（湯布院町）の生活型観光地[134]であった。

これらの事例は、平松が一村一品運動を提唱するきっかけを提供した1979年に先立つ長い地道な取り組みの事例である。しかし、これらが一村一品運動の成功事例として伝えられることで、あたかも一村一品運動や環境保全型観光がそれら成功事例をつくり出したかのように受けとめられる懸念がある。先に平松の指摘で述べたように、伝えられる側は、成功事例のなかから鍵となる要素を抽出し、何とかそれをモデル化して解釈しようと試みる。経営学で多用されるケース・スタディである。

しかし前章でみてきたように、これらの事例は、生活改善普及員と農村住民とのつながりや様々な要素や歴史的プロセス、偶然といったものから生成されたものである。それらを捨象して、ある時点の一部分や個別の取り組みを切り取って成功事例としてモデル化しても、それで「成功事例」の総体を理解したことにはならない。数多くの失敗や試行錯誤のプロセスを含めた全体像が大山町や由布院の事例を成功事例と呼ばせていると考えられる。

たとえば、ある時点で成功事例と見なされても、時代が変われば失敗事例と見なされることもある。2005年に湯布院町は、挾間町、庄内町と合併して由布市となったが、このとき湯布院観光まちづくりに積極的に関わってきた人々による合併反対運動が起こった。石橋は、由布院観光の研究調査において、合併反対運動が失敗に繋がった背景として、地域内部の分裂を指摘し、地域外の観光業者ばかりではなく、地域内の観光業者、関係者にも住民の対立が生じていると報告している[135]。

一村一品運動の理念には人づくりが挙げられている。地域の活性化を担う人材を育てることが一村一品運動の目標の1つである。そして、地域の持続的な発展を担う人づくりは、1世代で終わるものではない。そういうことを伝える側は、多少時間はかけてでも、それらが成功事例と呼ばれるにいたるまでの様々な困難や取り組みも合わせて、じっくりと伝えていくことが考慮されるべきである。

### 明確な数値目標の設定

世代を超えた人づくりの成果の検証は、時間がかかるためになかなか評価が難しいが、外からのもたらされた地域創成の事業では、その事業がもたらす地域の利益を数値目標として明確に提示できなければ住民のモチベーションは続かない。

海外におけるOVOPの主体は、主として中小・零細企業家であるが、能力向上とビジネスの成果（売上げや資本金の増加）を「関係あるもの」として捉え、プロジェクトの計画段階で具体的な数値目標を設定したものは少ない。運動の採用者が援助終了後もプロジェクトで生み出された活動や場から生活の糧を得るのであれば、運動の普及プロセスにおいて、彼らの可処分所得の増加が目指されるべきであるが、それにつながる数値目標の設定や計画が曖昧な場合が多いということである。

援助終了後の自立のために開発途上国の住民が必要としているのは、一時的なアウトプット（単発のフェアへの参加や単発の研修等）でも、諦めずに挑戦するといった精神論でもなく、地域の資源を用いて確実に利益を生み出すこと、つまり彼ら自身が担うことで利益を得られるビジネスが行えるようにするための潜在能力の活用と仕組みである。

一度の失敗でプロジェクトの成果を判断するのではなく、計画を練り直すことで諦めずに挑戦し続ける意識は大切であるが、そうした試行錯誤の途中であっても住民は生活の糧を得なくてはならない。その間の利益や収入を考慮していない活動では、いくら高品質の製品をつくらせようと支援しても長期的に住民を惹きつけるものとはならず、自分たちで利益を生み出せなければば、援助が終了した途端に彼らは活動から離れてしまう。しかし、どのような機能を持った人材や組織が彼らの力を引き出し、援助終了後に、その引き出された力を活用し続けることができる場を創造したかを示したプロジェクトは少ない。

大分県の一村一品運動の研修には、開発途上国から多くの行政官が訪れたが、開発途上国の生産者が大分県の事例を視察することは殆どなかった。平松が主導したOVOPの三原則の視点で活動を分析し、途上国の生産者に伝えるということも行われていない。つまり、OVOPの主旨が現場に伝わるまでには、基準となるものがなく、モノづくりやビジネスを経験したことのない行政官のバイアスがかかってしまうのである。

OVOPという言葉と一緒に行われる支援が、融資へのアクセスやデザインが中心の技術支援であれば、運動の採用者がOVOPを単なるマイクロファイナンスの一種、もしくは、デザイン開発の活動であると捉えてしまうのは仕方がないことかもしれない。

開発途上国に伝えられた事例のほとんどは、一村一品運動に先立つ長い地道な取り組みが前提にあるとともに、様々な要素や歴史的プロセス、偶然といったものから生成されたものであるとして、「それらを捨象して、ある時点の一部分や個別の取り組みを切り取って成功事例としてモデル化しても、それで『成功事例』の総体を理解したことにはならない」そして、「これらが一村一品運動の成功事例として伝えられることで、あたかも一村一品運動がそれら成功事例をつくり出したかのように受けとめられる懸念がある」ことも指摘している[136]。

## 5　開発途上国の農村における生活向上のヒントとして見直された生活改善運動

### 住民参加型開発の視点での開発途上国支援の見直し

1990年を前後する時期から、日本において第二次世界大戦後にGHQの指導政策として展開された生活改善運動を、開発途上国支援の啓発の手法として住民参加型開発の視点から見直され、開発途上国の農村地域が直面する貧困やそこから抜けだすための生活向上などに係る活動のヒントとして議論されるようになった[137]。

佐藤（2002）は、生活改善運動の社会的文化的な側面について、GHQによる外部から持ち込まれた目標「民主化」を受容した日本関係者が、これを咀嚼し日本の文化的な対応、すなわち土着化した活動を展開したとの見解を示し、この運動の普遍的要因と個別的要因を検討して開発の現場における再現性の議論を推し進めた[138]。

開発の分野で新しい方向性をもたらした参加型開発の議論が活発になる中で、生活改善運動は見直され、この運動を支えた生活改良普及員の活動事例（啓発やファシリテーションの手法など）が分析され、開発現場での応用が試みられている。

### OVOPにおける女性活用

OVOPは地域におけるビジネス振興の「入り口」であり、その後の事業展開が発展する「きっかけ」であるといえる。また、OVOPには地域に眠る資源の活用に「気づき」、地域の資源に誇りを持つ（one pride）という精神論があり、行動を起こすのは、行政官ではなく農村住民である。

この考え方は、大分県が2003年までに開設した豊の国づくり塾のカテゴリーに見て取ることができる。その中には若手母子家庭の就業を応援する「豊の国しらゆり塾」やOVOPに取り組む女性起業家のための「大分県一村一品女にまかせろ100人会」などがあった。大分県では、OVOPへの取り組むにおいて、女性の起業や地域創成に果たす役割が大きく影響したことがわかる。

大分県では、過疎地域の農林水産業の担い手の減少や高齢化が進むなか、農業就業人口の約半数、漁業就業者の約5人に1人を女性が占めている[139]。そのため農村女性には、その能力と個性を発揮し、積極的に経営に参画するとともに、農産加工・販売といった起業活動や食育、福祉等の推進に主導的な役割を果たすことが期待されている。

大分県では、各研修会による農山漁村女性のキャリアアップを図る農山漁村男女共同参画キャリアアップ促進事業が実施されている

## 6　開発援助の橋渡し役としてのファシリテーター

ビジネス分野での応用は、1970 年代からアメリカで始まり、会議を効率的に進める方法として開発され、やがて「ワークアウト」と呼ばれるチームによる現場主導の業務改革手法に応用されていった[140]。

たとえば、人々がある目的をもった集まりに参加すると、意識・無意識のうちに相互に観察し、コミュニケーションを行い、相互に理解し、相互に働きかけ合い、相互に心理的刺激をする場が発生する。利益追求を目指す企業組織においては、人の気持ちを汲み取り、感情にも焦点を置いたこのような場を創造する役割がファシリテーターには求められることになる。

組織リーダーは活動を方向付け新しいアイデアを組織に普及させる力を持っているが、それゆえに組織の成員の気持ちを汲み取り、言葉に耳を傾け、自分たちの組織に何が必要か、またそれはどのようにして成し遂げられるかを考え、引き出した構成員の力を用いて、PDCA のサイクル[141]等を学習する組織を形成しなければならない。学習する組織となることで、組織は、変化の激しい環境下でも、様々な衝撃に耐え、復元するしなやかさをもち、環境変化に適応して学習し、自らをデザインして変化し続けることができる。

海外では殆どの場合、JICA のプロジェクトリーダーや、JICA が派遣する専門家やボランティアが発案したアイデアをもとに活動が進められる。アイデアを当事者である農村住民が考えだす日本の活動とは異なる形態ではあるが、平松が掲げた一村一品運動の 3 つの理念が十分に満たされるようにプロジェクトを設計することが必要である。

特に、注目すべきは「人づくり」である。プロジェクトの期間が終了し、ファシリテーター役であった日本人スタッフが帰国した後も、持続的な活動が維持されるためには、地域外との繋がりを維持しつつ参加者の「気づき」を実現する能力を有するリーダーや新たなファシリテーターを住民や組織の中から育成することが欠かせない。

企業の人材開発や課題解決に効果的な手法として「ワークアウト」がある。これは現場スタッフが中心となって取り組む実践的な手法である。

## 7　結び

一村一品運動とは、大分県が県内の市町村や民間企業が取り組んできた地道で多種多様な取り組みを総合化して県内外へ発信するための一種の「装置」であったともいえる。他方、一村一品運動に関心をもつ開発途上国の多くは、行政官を通じて母国への受け入れを図ろうとしている。

そうであるならば、個々の事例から学んでもらうことと同時に、あるいはそれ以上に、大分県行政がいかにして市町村や民間企業にやる気を起こさせ、一村一品運動をダイナミックかつ持続的に運営していったのかについて、同じ行政官を通じて開発途上国にもっと伝えられるべきではないだろうか。

平松県知事も大分県行政も、まずは一村一品運動に先立つ大山町や由布院の事例など地域や民間の地道な取り組みから様々なことを学び、第２の「大山町」や「由布院」が現れることを願って、多種多彩なイベント、豊の国人づくり塾、交流会・セミナーといった「しかけ」や「場」を提供した。市町村や民間企業はそうした「しかけ」や「場」を縦横に使いながら、経験や知識を伝播し、新しいアイデアの芽を育て、人的ネットワークを広げていった。

振り返れば、それらの活動の総体が大分県の「一村一品運動」というシンプルな言葉でくくられているのである。必ずしも計画的ではないが、状況の変化へ柔軟に対応し、「地域おこし」から持続的な地域振興活動へ向けて「しかけ」や「場」を盛り上げていく、いわばプロデューサー的役割を行政が果たす意味は大きい。それは税金や補助金あるいは許認可権を行使して、市町村や民間を指導する通常の政府介入とは異なる。このような意味での「地域開発マネジメント」が開発途上国の行政官に伝えられるべきものであると考える。

そうはいっても、前述のように、一村一品運動を学ぶ開発途上国からの行政官の関心は、個々の成功事例に見られる具体的な生産技術や販売ノウハウなどへ向いてしまい、すぐにそれを母国へ移転しようと考えがちである。それ自体はやむをえないことであろう。彼らのそうした関心を頭から否定するのではなく、むしろそこを出発点とすべきではないか。一村一品運動に対する彼らの関心をひきつける議論から始めて，そこから一村一品運動の本質的な理解へと進め、徐々に行政の「地域開発マネジメント」能力の練成に結びつけていく、といった形がより現実的な伝え方であろう。

とくに、今後の一村一品運動に関する研修の場では、こうした一村一品運動を伝えていくプロセスをどう維持・促進するかも重要な課題となることが考えられる。社会・経済・環境が調和した持続可能な地域開発の実現には、SDGsアジェンダ2030を目標として取り入れることが必要である。そしてそこには、社会変革を起こす広い意味でのイノベーションが必要である。

JICAは、途上国の開発に長年取り組んできた経験を活かし、日本の企業、大学・研究機関等が創出する革新的な技術、サービスの途上国での適用、定着可否についての目利き、あらゆる資源を念頭に置きその組み合わせの考案などのほか、これまで開発の世界になかった新たな視点や考え方を活用したイノベーティブなアプローチも積極的に導出し推進している。

またJICAは、途上国の現場で適用、定着が可能で、誰一人取り残さずに社会全体の便益となるイノベーションの芽を希求している。そして、途上国の課題解決に貢献したイノベーティブな取組に係る事例を収集、整理し、積極的に発信している。こうしたJICAの途上国支援の好事例が、日本の過疎地域で展開可能な一村一品運動に逆輸入されて、SDGs達成へ貢献し得る取組などが、国内の地方創生に還元されることも可能になるであろう。

## 頭字語のリスト

・FRG：Farmer Research Group

・GHQ : General Headquarters

・GKD：Gerakan Kembali ke Desa

・JICA：Japan International Cooperation Agency

・NPC：New Plum and Chestnut

・OKOP：One Kampung One Product

・OTOP：One Tambon One Product

・OTOP：One Town One Product

・OVOP：One Village One Product

・TICAD：Tokyo International Conference on African Development

## 参考文献


・佐藤寛編（1996）「援助研究入門」アジア経済研究所
・佐藤寛編（2002）「戦後日本の農村開発経験：日本型マルチセクターアプローチ」『国際開発研究』11（2）、p 5-24
・水野正己（2003）「戦後日本の生活改善運動と参加型開発」『参加型開発の再検討』日本貿易振興機構アジア経済研究所、p 165-184
・浅見芙美子（1984）「農業技術教育における教育構造の問題―農業改良普及事業における技術伝達をめぐって―」東京大学教育学部紀要 23 巻、p 417-425
・内田和義、中間由紀子（2015）「昭和 20 年代における生活改善普及事業と地方自治体―農林省の方針に対する岩手県の対応を中心に―」農業経済研究 第 87 巻、第 2 号、p 115-128
・亘純吉（2010）「生活改善運動の映像にみる女性像」駒沢女子大学、研究紀要第 17 号、p 325 ～ 360
農業改良普及事業が「西洋近代」を支える思想の 1 つである「主体性」を戦後の日本の農村社会がいかにとらえたかという文化運動として位置づけ、その思想を映像はどのように記録したかを考察する。
・労働省婦人少年局編（1952）「農村婦人の生活」労働省婦人少年局
・市田 (岩田) 知子（1995）「生活改善普及事業の理念と展開」農業総合研究第 49 巻第 2 号
・須崎文代（2018）「「茨城県映画」にみる 1950 ～ 1960 年代の農村住宅の台所改善－映像を史料とした台所の変容に関する研究－」技術と文明 21 巻別号 ( 電子版 )---jshit-ej2102、 p 1-14、https://kenkyu.kanagawa-u.ac.jp/kuhp/KgApp?detlId=22&detlUid=ymddyggsggy&detlSeq=19
・佐藤寛、太田美帆（2006）「農村生活改善協力のあり方に関する研究会・開発ワーカー必携！生活改善ツールキット Ver. 1」独立行政法人国際協力機構農村開発部
・中小企業基盤整備機構（2013）「平成 24 年度、女性の潜在能力を活用した一村一品運動に係る調査最終報告書」2013 年 3 月、独立法人中小企業基盤整備機構国際化支援センター
・平松守彦（1990）「地方からの発想」岩波新書
・向井加奈子、藤倉良（2014）「一村一品運動の継続を可能にする要因」『公共政策志林』法政大学公共政策研究科『公共政策志林』編集委員会、p 87-100
・向井加奈子（2017）「ビジネスと連携した一村一品運動におけるファシリテーターの機能」法政大学博士 ( 公共政策学 ) 審査学位論文
・宗像朗（2006）「第 2 部　海外へ伝えられる一村一品運動　第 9 章　研修を通じ

・宗像朗（2006）「第２部　海外へ伝えられる一村一品運動　第９章　研修を通じて一村一品運動をどう伝えていくのか―2005年一村一品セミナーを手がかりに―」『一村一品運動と開発途上国：日本の地域振興はどう伝えられたか』日本貿易振興機構アジア経済研究所、p 229-249
・太田美帆（2004）「生活改良普及員の登場」『生活改良普及員に学ぶファシリテーターのあり方　－戦後日本の経験からの教訓－』準客員研究員報告書、JICA緒方研究所
・大槻優子（2014）「生活改善普及事業における普及活動と農家女性―生活改良普及員からみた農家女性の変化―」医療保健学研究５号p 71-88
・松井和久（2006）「第２部、海外へ伝えられる一村一品運動、序説一村一品運動はどのように伝えられたか」『一村一品運動と開発途上国：日本の地域振興はどう伝えられたか』日本貿易振興機構（ジェトロ）アジア経済研究所、p 143-151・石橋康正（2013）「岐路に立つ大分県由布院―市町村合併がもたらした『問題』と社会関係の変容―」名古屋大学グローバルCOEプログラム「地球学から基礎・臨床環境学への展開」
・丸山英朗（2009）「JICAとビジネス：一村一品運動の展開と官民連携パートナーシップに向けて」
http://www.jp-ca.org/kyrgyzforum/prezentation/session1/1-4JICA.jp.pdf
・高梨和紘（2004）「タイOTOPと東北部経済－地域内産業連関分析－」慶応大学COEディスカッションペーパー、No.303
・武井泉（2007）「タイにおける一村一品運動と農村家計・経済への影響」高崎経済大学論集、第49巻　第３・４合併号、p 167-180
・JICA（2004）「事業評価年次報告書2003」独立行政法人国際協力機構
・国際協力事業団（1992）「農村生活改善のための女性の技術向上検討事業報告書」１次、国際協力事業団
・国際協力事業団（1993）「農村生活改善のための女性の技術向上検討事業報告書」２次、国際協力事業団
・国際協力事業団（1994）「農村生活改善のための女性の技術向上検討事業報告書」３次、国際協力事業団
・国際協力事業団（2002）「『農村生活改善協力のあり方に関する研究』検討会報告書」第１分冊、国際協力事業団
・国際協力事業団（2002）「『農村生活改善協力のあり方に関する研究』検討会報告書」第２分冊、国際協力事業団

## 引用

117　向井加奈子（2017）「ビジネスと連携した一村一品運動におけるファシリテーターの機能」法政大学審査学位論文、p 16、法政大学学術機関リポジトリ

118　Matsui, K., (2011) OVOP-related Policy of Indonesia in the context of its Regional Development Approach. Proceedings APU Workshop on “The OVOP Movement and Rural Entrepreneurs in Southest Asia” March 15-16,2011. P197

119　セマウル運動は、韓国で展開された地域開発運動で、農民の生活の革新、環境の改善、所得の増大を通じ、農村の近代化を政府主導で実現した。

120　タクシン・チナワット（1949 ～）は、タイの実業家から 1994 年にパランタム党に入党し、政治活動を始めた。1997 年にパランタム党が崩壊したためタイ愛国党を創設し、2001 年政権に就いた。

121　OTOP の原型は 1997 年のチュアン政権のころに導入されている。

122　高梨和紘（2004）「タイ OTOP と東北部経済－地域内産業連関分析－」慶応大学 COE ディスカッションペーパー、No.303、p 3

123　JICA（2004）「事業評価年次報告書 2003」独立行政法人国際協力機構 pp.1-3、および OTOP ホームページ http://www.thaitambon.com

124　武井泉（2007）「タイにおける一村一品運動と農村家計・経済への影響」高崎経済大学論集、第 49 巻　第 3・4 合併号、p 167-180

125　1 バーツ約 3 円（2004 年時点）

126　Bangkok Post, December 10, 2004.

127　同掲書 8、p 169

128　同掲書 1、p 17

129　丸山英朗（2009）「JICA とビジネス：一村一品運動の展開と官民連携パートナーシップに向けて」
http://www.jp-ca.org/kyrgyzforum/prezentation/session1/1-4JICA.jp.pdf,

130　マラウイのバキリ・ムルジ大統領は、第 3 回アフリカ開発会議（TICAD 3）に出席のため 2003 年 9 月 28 日来日した。大統領は同夜、小泉総理大臣と首脳会談を行い、翌 29 日から 10 月 1 日まで TICAD3 会議に出席後、2 日から 4 日まで大分県を訪問した。

131　ムルジ大統領は 2003 年の訪日の際、自ら大分県を訪れその実体と成果を見学しマラウイにおいて全国規模でこれを実施する政治決断をした。マラウイでは OVOP の発足ワークショップが大統領の出席の下、日本の支援により 11 月 11、12 の両日においてマラウイ最大の都市で商業の中心地であるブランタイアで開かれた。

132　日本政府が国際連合、国際連合開発計画、アフリカ連合委員会、世界銀行との共催で開催した。1993年に初めて開催された。TICAD閣僚レベル会合なども経て、2013年までは5年ごと、それ以降は3年ごとに会議が行われている。

133　吉田栄一（2006）「海外へ伝えられる一村一品運動　第7章マラウイにおける一村一品運動と地域振興をめぐる政治」『一村一品運動と開発途上国：日本の地域振興はどう伝えられたか』日本貿易振興機構アジア経済研究所、p 175-199

134　湯布院町が他の市町村と際立った対照を示す特異なまちづくりないし村おこしの様相を呈すようになったのは、1955～1974年までの5期19年続いた岩男頴一（1919～1976）町長の影響によるところが大きい。1970年に岩男町長の影響を受けた由布院盆地の若手の旅館経営者を中心に「由布院の自然を守る会」が発足し、翌年「明日の由布院を考える会」へと発展し、地域独自の論理に基づく自然環境の保全、それに依拠した新しい観光地づくりの運動を展開した。この住民運動は湯布院の地域づくりを全国的に有名なものにした。

135　石橋康正（2013）「岐路に立つ大分県由布院—市町村合併がもたらした『問題』と社会関係の変容—」名古屋大学グローバルCOEプログラム「地球学から基礎・臨床環境学への展開」

136　松井和久（2006）「第Ⅱ部序説一村一品運動はどのように伝えられたか」松井和久・山上進編(2006)『一村一品運動と開発途上国 日本の地域振興はどう伝えられたのか』アジア経済研究所 第Ⅱ部序説p 148

137　国際協力事業団（1992、1993,1994）「農村生活改善のための女性の技術向上検討事業報告書」1次、2次、3次、国際協力事業団

138　佐藤寛編（2002）「戦後日本の農村開発経験：日本型マルチセクターアプローチ」『国際開発研究』11（2）：p 5-24

139　大分県H.P.「新規就業・経営体支援課の事業概要」

140　加藤雄士(2014)「コーチングとファシリテーションの活用に関する一考察—組織開発、学習する組織などへの展開—」『産研論集（関西学院大学）』59-73、http://www.kwansei.ac.jp/iindustrial/attached/0000053426.pdf

141　PDCAは、Plan, Do, Check, Actionを回すことで品質管理を行う品質管理手法の基本である。

# あとがき

## 第１編　渋沢栄一の田園都市

第１編では、渋沢栄一による東京での田園都市開発をみたが、それは渋沢より10年年少のイギリス人実業家であるエベネザー・ハワードが構想して実践した「明日の田園都市」がオリジナルであった。渋沢は、人は到底自然なくして生活できるものではないとして、緑豊かな住宅都市の建設をめざして1918年に田園都市株式会社を設立した。

著者は、本書の渋沢栄一による田園都市構想を執筆する前に、恩師香山壽夫先生の下で、都市計画家としての後藤新平とエベネザー・ハワード、そして生物学から都市計画家となったパトリック・ゲデスによる都市計画の実施例を研究していた。

後藤新平は1857年7月24日生まれ、渋沢は1840年3月16日生まれなので、二人の歳の差は17歳（渋沢は早生まれなので学齢で言えば18歳）である。また、ハワードは1850年1月29日生まれ、ゲデスは1854年10月2日生まれなので、渋沢と後藤の間に挟まれた世代と言える。

いずれにしても、この4人は同じ時代に生まれて、東と西の歴史文化の違いはあるが、近代合理主義という大きな時代のうねりの中から、人と自然が寄り添うことができる都市像を追い求めたのであった。この4人は皆、技術教育（イギリスでは芸樹教育も対象）をアカデミックに学んだ建築家、あるいは技術者ではなかったということに不思議議な共通点を見いだすことができる。

著者は、「後藤がハワードとゲデスを知っていたのか？」というリサーチクエスチョンからこの研究を始めたが、明確な3人の繋がりを確認するには至らなかった。しかし、後に渋沢の田園都市構想をレビューする中で、渋沢がハワードの田園都市構想を下敷きに東京の改造を考えていたことを知った。そのため、渋沢を通じて後藤にもハワードの「明日の田園都市」の理念が共有されていると確信を得た次第である。

1923年9月1日、南関東を巨大な地震が襲った。関東大震災である。10万人以上の死者と行方不明者を出した大災害であったが、このとき後藤は、「理想的帝都建設の為の絶好の機会なり」と述べたという。

後藤はそれまで台湾総督府民政長官、南満州鉄道（満鉄）の総裁、逓信大臣、鉄道院総裁、内務大臣、外務大臣、東京市市長などを歴任していた。都市計画家としての後藤のエピソードとして、寺内正毅内閣で内務大臣となった後藤が都市計画法の制定へと動き、1920年には内務大臣よりは格下の東京市長になり、東京の都市改造を試みたことに顕著に現れていると言える。

1921年に後藤は東京市政要綱を発表するが、東京の都市インフラの整備に7億5750万円が必要だという「八億円計画」と呼ばれるものであった。これは東京市の年間予算が1億数千万円、国家予算が約15億円という中で打ち出された数字であり、当然ながらそのまま実現することはなかった。

1923年、大震災翌日の9月2日に第2次山本内閣が成立すると、内務大臣として帝都復興院を設立して、自ら総裁という地位に就き（内務大臣と兼任）、東京の大改造を行う決意を固めたのであった。

渋沢の田園都市は、イギリスと日本の歴史文化の違いから、ハワードの田園都市理論を基盤にしながらも、ハワードが実現したレッチワースやウェルウィンとは別なものとなった。渋沢はハワードの田園都市を日本で推進するにおいて、イギリスとの気候風土、社会状況のちがいから、一時は日本での田園都市実現を挫折しかけた。その渋沢を突き動かしたのは、1923年に発生した関東大震災による首都壊滅であった。東京市都心部において木造家屋の密集地を一挙に壊滅させたこの大災害により、都市防災の取り組みは、喫緊の課題となったからである。

渋沢がハワードの田園都市理論を下敷きに建設した日本型田園都市は、郊外住宅地に鉄道を敷設し、鉄道で会社まで通勤するというアイデアから始まった。渋沢が設立した田園都市株式会社は鉄道部門を設立した。その後、渋沢から経営を引き継いだ五島慶太そして五島昇は、渋沢が着想の原点としたハワードの田園都市理論を日本独自の田園都市として実現していく。東急グループは創業以来、渋沢の日本型田園都市を創るという理念を基に、公共交通整備と住宅地開発を両輪として、公共性と事業性を両立させながら、他社に先駆けて新しい生活価値を提案し、持続的なまちづくりを行ってきた。

東急による沿線のまちづくりは、その発生はハワードの田園都市に理念を求めることができるが、実施された事例はまさに、東京城西エリアの現状、土地制度、風土、文化、技術など様々な点を考慮した、都市と郊外の一体的整備運営がなされたグリーンインフラによる日本型田園都市形成であった。それは 21 世紀になって新しいまちづくりの評価基準となるグリーンインフラを先取りしたものである。

本書では、明治から昭和初期において、「洋才」としてのハワードの田園都市理論の実現を、「和魂」としての日本型田園都市の形成を進めた東急株式会社の歴史を、設立から現在に至るまで 6 つの時期に分けてみていった。これまで東急が主業にしてきた鉄軌道事業は、分社化して東急電鉄に引き継がれた。鉄道事業会社としての東急は、渋谷をターミナルに、東京南西部や神奈川県にかけて路線網を有する。東京の大手私鉄の中で、東急の路線規模は決して大きくないが、鉄道と連携した不動産事業は順調に業績を伸ばしてきた。拠点の渋谷のみならず、東急は東京をはじめとする日本型田園都市開発の主要プレイヤーになっている。渋沢が始めた田園都市株式会社を引き継いだ東急は、鉄道事業から沿線開発進めて、日本型田園都市を目指したまちづくりを行い、更に現在は総合生活産業へと脱皮しつつある。

東急の持続可能なまちづくりとしてのグリーンインフラを活用する取組みは、SDGs アジェンダ 2030 にも呼応する。東急の経営戦略としてのグリーンインフによるまちづくりは、渋沢の日本型田園都市構想に期限をもち、100 年培われた ESG[ 環境 (Environment)・社会 (Social)・ガバナンス (Governance)] によるものであり、ハワード田園都市理論という洋才が、渋沢らの和魂により、21 世紀の新しいタイプのまちづくりが実施されたのである。

### 第 2 編　平松守彦の一村一品運動

第 2 編では、第二次世界大戦後にアメリカから渡ってきた民主化政策が、日本の農村の地域づくりのきっかけとなり、一村一品運動として地域特産品ブランドを開発していき、やがてその仕組みが海外への援助の仕組みとして発展していく流れを見た。

第二次世界大戦後の日本では、アメリカ軍を主体とした連合国占領下において、農村の封建的共同体の民主化・近代化を進める事業が、アメリカ式の教育的普及システムを日本にも導入することで実施された。この事業を推進したのは、農村全体で展開された「生活改善運動」であった。

当時の占領政策下で実施された農村での種々の改善事業は、農林省の事業の他、厚生省管轄下の「栄養改善」、「産児制限」、「母子健康」、文部省管轄下の「社会教育」、「新生活運動」、「ホームプロジェクト」、自治体が中心となって推進した「環境衛生」など活動の形態も多様であった。そしてこれらの活動によって大きな成果をあげたものとして、公衆衛生状況の飛躍的改善と女性の地位の漸進的向上をあげることができる。この 2 つの成果はいずれも主として女性に対する働きかけの結果として成し遂げられたものであるが、その働きかけの担い手は、それぞれ厚生省傘下の「保健婦」と農林省傘下の「生活改良普及員」であった。保健婦と生活改良普及員は、戦後日本の農村開発において、行政 (国家政策) と村人の「橋渡し」機能を果たしたという点で、最も重要な役割を果たしたといえる。

しかしながらこれらの農村生活改善の取り組みは簡単ではなかった。制度を担い農村生活改善を指導する吏員が、教えるべき技術を持たなかったことと、「考える農民をつくる」という目標とが相まって、現場で課題に向き合い解決するという「ボトムアップ手法」が取られたからである。このため、日本の農村における生活改善は、県レベル・現場レベルでは、中央の指示を踏まえつつも、実情にあった地域の特色ある生活改善が展開された。

占領下の特殊な状況で、洋才として戦後の日本において展開した農村の民主化政策は、地域の実情からくみ上げられた日本式（和魂）の生活改善運動により進められた。そしてその日本式農村の地域づくりは、1979 年当時の大分県の平松守彦知事が提唱した地域おこし政策である一村一品運動へとつながる。

本編では、大分県下 58 の全市町村（当時）において住民主体の様々な活動として展開されたこの運動には、農村の生活改善運動がどのようなかたちでつながっていったかをみた。一村一品運動が開始された 1979 年当時は、都市部では女性の参画が進み、女性に対する社会の期待も高まっていたが、その一方で、農村では依然として男性優位の「家」中心の社会という状況であった。当時の農村の「家」では、男性は年齢に関係なく1人として見られたが、女性は「賃金を払わずにすむ労働者」にすぎなかった。大分県で生活改善運動と一村一品運動を農村住民と協働で支えたのは、生活改善普及員であった。

平松は一村一品運動において、特に人づくりに特に力をいれた。それは、農村の生活改善における生活改善普及員の役割において、農村の生活改善には地域資源の有効活用のためには、地域の人材育成が必要であったからである。平松は、副知事として県内各地を回り地域づくりの原点を模索した4年間にその必要性を大山町のNPC運動に見たと思われる。そのため、地域の県は地域リーダーを育成する「豊の国づくり塾」が1983年に設立された。そして、一村一品運動の取り組みの仕組みが海外への援助の仕組みとなった理由を探った。生活改善運動と一村一品運動が成果をあげてきた要因には、生活改善普及員のファシリテーターの役割が必要であることがわかった。そしてその仕組みが、開発途上国支援へ応用できるという期待があるからである。

大分県で始まった一村一品運動は、平松知事による独自のローカル外交が展開されたほか、国際協力機構の青年海外協力隊などを通じて、中華人民共和国・タイ王国・ベトナム・カンボジア、アフリカ、中米エルサルバドルのような海外にも広がりを見せている。日本国政府も開発途上国協力の方策として、当該国での一村一品運動を支援している。それは、一村一品運動の理念に地域と世界をつなぐグローバル化、地域が自ら考え工夫する自立化、運動を担う人材育成などがあるために、2015年に国連で採択されたSDGsアジェンダ2030に通じるものが多いと考えられるからである。

第二次世界大戦後にGHQの指導政策（洋才）として取組まれた農村の生活改善運動が、地域独自の力（和魂）をもって、大分県で一村一品運動につながり、さらに一村一品運動が日本の知恵と技術として、開発途上国の支援に結び付いていったのである。

### 和魂洋才からSDGsへ

2015年9月の国連総会において「持続可能な開発のための2030アジェ

ンダ」が採択された。そこに盛り込まれているのは、世界を変えるための17の目標とそれを達成するための具体的な169のターゲットで構成されるアクションプランである。東急によるグリーンインフラによるまちづくと大分県で展開する一村一品運動は、どちらも持続を目指した取り組みといえる。

東急グループのグリーンインフラに着目したまちづくは、19世紀イギリスのハワードによる明日の田園都市構想に触発された渋沢によって設立された田園都市株式会社に始まった。グリーンインフラによるまちづくりとは、自然が有する多様な機能や仕組みを活用したインフラストラクチャーや土地利用計画を指し、日本における国内問題が抱える社会的課題を解決し、持続的な地域を創出する取組みとして期待されている。

東急が進めるグリーンインフラを基盤としたまちづくりは、SDGsアジェンダ2030にも呼応するものである。SDGsアジェンダ2030には17の目標があるが、東急が進めるグリーンインフラでは、その中で特に、目標6「すべての人々の水と衛生の利用可能性と持続可能な管理を確保する」、目標7「すべての人々の、安価かつ信頼できる持続可能な近代的エネルギーへのアクセスを確保する」、目標9「強靱（レジリエント）なインフラ構築、包摂的かつ持続可能な産業化の促進及びイノベーションの推進を図る」、目標11「包摂的で安全かつ強靱（レジリエント）で持続可能な都市及び人間居住を実現する」、目標12「持続可能な生産消費形態を確保する」、目標13「気候変動及びその影響を軽減するための緊急対策を講じる」、目標15「陸域生態系の保護、回復、持続可能な利用の推進、持続可能な森林の経営、砂漠化への対処、ならびに土地の劣化の阻止・回復及び生物多様性の損失を阻止する」に適用している。

一方、第二次世界大戦後にアメリカから渡ってきた民主化政策を起源とした生活改善運動から続く一村一品運動は、英語表現OVOPとなり日本による発展途上国支援の国際的イニシアチブにおいて、30ヵ国以上で国家政策や援助プロジェクトとして導入されている。

このOVOPをフレームワークとした開発途上国支援の取り組みでは、SDGs目標17のすべてのターゲットが含まれている。特に開発途上国における目標1「貧困をなくそう」、目標2「飢餓をゼロに」、目標3「すべての人に健康と福祉を」、目標4「質の高い教育をみんなに」、目標5「ジェンダー平等を実現しよう」、目標8「働きがいも経済成長も」、目標9「産業と技術革新の基盤をつくろう」、目標16「平和と公正をすべての人に」、目標17「パートナーシップで目標を達成しよう」について有用な事業である。

渋沢栄一の田園都市と平松守彦の一村一品運動は、どちらも西洋近代からもたらされた英知を、日本の知恵に置き換え咀嚼することで、21世紀の未来に向けたイノベーションにつながる取り組みに仕立て上げられたといえる。

アメリカの政治学者サミュエル・P・ハンティントンは、1996年に著した国際政治学の著作「文明衝突」（原題は『The Clash of Civilizations and the Remaking of World Order』文明化の衝突と世界秩序の再創造）において、世界は、西欧、東正教会、ラテンアメリカ、ヒンドゥー、アフリカ、イスラム、中華、日本の8つの文明に分けられると説いている。ハンティントンのこの説は、日本文明が、2世紀から5世紀において中華文明から独立して成立した文明圏であり独特であること。それは、他の文明では一国ではなり得ない広範な地域社会の集合した文明になっていて、人種も国も多岐に渡っていることに対して、日本文明は、日本一国で成り立った文明であることを明らかにしたものである。

東急のグリーンインフラによる新しいまちづくり、平松が残したOVOPに新しい技術の導入を付加してさらにパワーアップしたフレームワークでの開発途上国支援の取り組み、それらは現在も進行し発展を続けている。まさに和魂洋才からSDGsへと向けられた潮流は、日本文明の成果の検証と考えられる。

**謝辞**

本書における様々な調査研究は、日本経済大学大学院における修士過程の研究に負うものです。渋沢栄一の田園都市からつながる東急のグリーンインフラによる新しいまちづくりの考察では、中国の留学生 Zhou Xiaotian くんと調査研究を協働しました。平松守彦の一村一品運動では、エルサルバドルの留学生 Pedro A Hayem くん、Ricardo Segovia くんと調査研究を協働しました。学生諸君にはあらためて感謝申し上げます。

また、東急のグインフラによるまちづくでは、パネルディスカッション「グリーンインフラからはじまる未来の都市づくり」（主催：関東地方環境パートナーシップオフィス［関東 EPO］、協力：地球環境パートナーシッププラザ［GEOC］）において、東京急行電鉄株式会社都市経営戦略室戦略企画グループ小林乙哉氏から貴重な資料のご提供を頂きました。同じくインタビュー調査では、本学卒業後に九州大学大学院を修了して大手情報・通信業に勤務する工藤亮太氏から貴重なインタビューを頂きました。

大分県の一村一品運動では、大分県商工観光労働部先端技術挑戦室、大分県農林水産部おおいたブランド推進課、大分県農林水産部畜産振興課、大分県農業協同組合本店、公益社団法人大分県物産協会各位からは、貴重な資料のご提供を頂きました。同じくインタビュー調査では、三和酒類株式会社海外営業長の都甲誠氏から貴重なインタビューを頂きました。この場をお借りしてあらためて感謝申し上げます。

本書のテーマでもある SDGs アジェンダ 2030 については、環境省に設置された諮問機関であり、日本の環境政策に関して重要な意見申具を行う中央環境審議会会長を務められた浅野直人先生に、計画行政学会の場を通して多くのご指導をいただきました。また、先生には「発刊にあたって」のお言葉も頂きました。この場をお借りしてあらためて感謝申し上げます。

最後に、私が研究者として、生涯テーマとして追い続けるまちづくりの課題について、その基本となる様々な知見を頂いた建築家の香山壽夫先生（東京大学名誉教授）からは、私にとっては人生の宝となる「巻頭言」を頂きました。

私がまだ建築家として活動していた頃より、香山先生からは学ぶことの喜び、知ることの喜び、研究することの喜びをご指導頂きました。先生の教えを抱き、まだまだこれからも精進を重ねて参る所存です。この場をお借りしてあらためて感謝申し上げます。

西嶋啓一郎

## 著者略歴


### 西嶋　啓一郎（にしじま　けいいちろう）

1960年　福岡県福岡市生まれ。
1985年　多摩美術大学美術学部建築科卒業。芸術学士。
1997年　福岡大学大学院経済学研究科経済学専攻博士課程前期修了。経済学修士。
2002年　九州工業大学大学院工学研究科設計生産専攻博士課程後期修了。工学博士。
2006年　北九州市立大学国際環境工学部空間デザイン専攻非常勤講師。
（2009年3月まで）
2008年　第一工業大学工学部建築デザイン学科准教授。
2012年　第一工業大学工学部建築デザイン学科教授。
2015年　日本経済大学経営学部経営学科教授。
2017年　日本経済大学経営学部経営学科東京渋谷キャンパス教授。
現　在　日本経済大学大学院経営学研究科エンジニアリング・マネジメント専攻・政策科学研究所教授（2018年4月から）。

経歴：文部科学省戦力GP「大学コンソーシアム鹿児島」運営委員（2009～2013年）
霧島市外部評価委員会委員長（2014～2015年）
太宰府市事務事業外部評価委員会副委員長（2015～2018年）

論文：「社会思想家としてのジョン・ラスキン—生活の豊かさにおける本質的価値について—」1997年3月福岡大学修士学位論文。
「風景生成における心的過程に関する研究—朝鮮通信使を例として—」2002年3月九州工業大学博士学位論文。
「柳川掘割の価値」2014年度日本建築学会大会（近畿）農村計画部門パネルディスカッション資料集。

著書：『第二次世界大戦後のアメリカ旅客航空運輸の変遷』「亜東経済国際学会研究叢書21・東アジアの観光・消費者・企業」（五弦舎、2019年3月刊）、『SDGsを基盤とした大学連携型地域貢献』（セルバ出版、2019年12月刊）、『市民憲章を基盤としたNPO活動連携とSDGsパートナーシップ』「亜東経済国際学会研究叢書22・東アジアの観光・消費者・企業」（五弦社、2020年7月刊）、『SDGsを基盤とした大学連携型国際貢献—エルサルバドルのOVOP』（セルバ出版、2020年9月刊）など。



**和魂洋才からSDGsへ**
**——渋沢栄一の田園都市と平松守彦の一村一品運動を事例に**

2022年4月8日　初版発行　　2024年3月21日　第2刷発行

**著　者**　西嶋　啓一郎　©Keiichiro　Nishijima
**発行人**　森　　忠順
**発行所**　株式会社 セルバ出版
〒113-0034
東京都文京区湯島1丁目12番6号 高関ビル5B
☎03（5812）1178　FAX 03（5812）1188
http://www.seluba.co.jp/
**発　売**　株式会社 三省堂書店／創英社
〒101-0051
東京都千代田区神田神保町1丁目1番地
☎03（3291）2295　FAX 03（3292）7687

**印刷・製本**　株式会社 丸井工文社





Printed in JAPAN
ISBN978-4-86367-738-8